Mein Garten auf der Fensterbank

Über die Illustratorin

Annie Davidson lebt in Melbourne. Ihre Illustrationen sind auf Stoffen und Bürobedarf, in Bilderbüchern und Schaufensterdekorationen schon um die ganze Welt gereist. Zu ihren Kunden gehören unter anderem auch Lonely Planet und Converse. Inspiration holt sie sich von japanischen Holzschnitten, botanischen Motiven und in der Natur – insbesondere in Wäldern, tropischen Landschaften, Korallenriffen und Kakteengärten. Mehr von ihrer verspielten Kunst findest du auf Instagram (@anniesarahdesign) oder ihrer Website (www.anniedavidson.bigcartel.com).

Mein Garten auf der Fensterbank

Grünes Glück mit Kräutern, Gemüse und Zierpflanzen

Text von Liz Marvin
Illustrationen von Annie Davidson
Aus dem Englischen von Vanessa Kreitlow

Einleitung

Hol dir den Garten ins Haus

Man braucht keinen Garten, um zu gärtnern. Mit etwas Kreativität, Geduld und Experimentierfreudigkeit kannst du deine Fensterbänke, Küchenarbeitsflächen und Bücherregale in eine grüne Oase verwandeln, die dich nicht nur mit gesundem Essen, aromatischen Gewürzen und entspannendem Tee versorgt, sondern auch noch dein Zuhause verschönert.

Das Beste daran? Es kostet dich so gut wie nichts. Es gibt zwar unzählige Onlineshops, die dir fertig gezogene Zimmerpflanzen liefern, die angeblich perfekt zu deinem Zuhause passen – aber es ist ganz einfach, sich eigene Pflanzen aus Samen, Ablegern und selbst Küchenabfällen zu ziehen. Ebenso brauchst du nicht in teure Pflanztöpfe oder Kübel zu investieren – du kannst die verschiedensten Gefäße verwenden und so zum Beispiel in alten Dosen einen Kräutergarten anlegen, dir aus Faden einen hängenden Garten knüpfen oder Chilis (s. S. 97) in kleinen Kaffeesäcken wachsen lassen.

Dieses Buch zeigt dir, wie du deine Wohnung in einen Garten verwandelst, in dem Dinge wachsen, die du auch wirklich essen kannst. Dass du kein riesiges Grundstück zur Verfügung hast, heißt noch lange nicht, dass dir die Chance auf köstliche selbst gezüchtete Tomaten (s. S. 142) oder Babyspinat (s. S. 35) verwehrt bleibt. Einige der hier vorgestellten Pflanzen sind sogar so einfach zu handhaben, dass du termingerecht planen und ernten kannst. Wie wäre es zum Beispiel mit einer Anzuchtschale voller Microgreens (s. S. 26), Erbsensprossen (s. S. 32) oder Radieschen (s. S. 56) für deine nächste Dinnerparty?

Egal, ob dein Daumen bereits grün ist oder du gerade erst in die wunderbare Welt des Gärtnerns eintauchst: Blätter dieses Buch durch, schau, was dich anspricht, schnapp dir eine Schaufel mit Blumenerde und leg einfach los. Gärtnern ist keine peinlich genaue Wissenschaft, sondern hat viel mit Intuition zu tun – und Probieren geht bekanntlich über Studieren.

An die Schaufeln, fertig, los

Fangen wir ganz am Anfang an: Welche Orte in deiner Wohnung würden sich gut als Minigarten eignen? Die Küche ist natürlich eine offensichtliche Wahl für Kräuter und andere essbare Pflanzen, aber was ist mit anderen Orten? Betrachte dein Bücherregal, deinen Couchtisch, deinen Flur oder deine Treppe noch mal aus einem anderen Blinkwinkel. Solange die Pflanzen genug Licht bekommen, steht ihnen deine ganze Wohnung offen. Du kannst sie von der Decke hängen lassen, auf Arbeitsflächen anordnen oder oben auf Schränke stellen.

Mach einen Rundgang durch dein Zuhause und frage dich, wo die Bedingungen am besten sein könnten. Manche Pflanzen brauchen viel Licht, so zum Beispiel Lavendel (s. S. 108) und Zitrusgewächse wie Zitronen (s. S. 151) und Mandarinen (s. S. 148), während andere, wie Farne (s. S. 80) oder Bohnensprossen (s. S. 38), auch mit weniger Licht auskommen. Manche Pflanzen freuen sich über eine hohe Luftfeuchtigkeit, andere bevorzugen trockenere Orte. Es kann auch eine gute Idee sein, deine Pflanzen im Jahresverlauf umzustellen: Eine im Frühling angenehm warme Fensterbank könnte dein mühsam gezogenes Grün mitten im Hochsommer kross rösten. Sonnenstunden und Temperatur sind bei Weitem die wichtigsten Standortfaktoren, deshalb sind Frühling und Herbst höchstwahrscheinlich die geeignetsten Jahreszeiten, wenn du Essbares anpflanzen willst.

Auch bei der Standortwahl gilt: ausprobieren. Da du viele der Pflanzen in diesem Buch aus Küchenresten ziehen kannst, die du sonst weggeworfen hättest, und du fast alles (s. S. 19) als Blumentopf zweckentfremden kannst, ist das Einzige, was du kaufen musst, ein bisschen Blumenerde. Experimentiere und probiere im Laufe eines Jahres verschiedene Standorte für deine Säm- und Stecklinge aus. Du wirst bald einen Blick dafür entwickeln, wie es deinen Pflanzen geht und ob sie einen Ortswechsel brauchen. Und apropos offenes Ohr für die Bedürfnisse deiner grünen Schützlinge: Nein, du bist nicht verrückt, wenn du mit deinen Pflanzen sprichst, im Gegenteil!

Deine Fensterbank-Mitbewohner

Die in diesem Buch aufgeführten Pflanzen wurden ausgewählt, weil du sie alle drinnen auf einer sonnigen Fensterbank ziehen kannst – auch wenn manche vielleicht anspruchsvoller sind als andere. Wenn du gerade erst mit dem Gärtnern anfängst, versuch dich vielleicht erst an ein paar Kräutern oder Microgreens (s. S. 26), anstatt dich direkt an Kartoffeln (s. S. 165) und einen Mandarinenbaum (s. S. 148) zu wagen.

Fang am besten mit ein paar Stecklingen und Samen an und schau einfach, wie es läuft. Wie schon erwähnt eignen sich manche Orte in deinem Zuhause besser als Garten-Ersatz als andere – aber dazu gleich mehr. Je mehr du deinen Erfahrungsschatz erweiterst, desto mehr kannst du auch deine Pflanzenfamilie erweitern.

Natürlich solltest du dich fragen, welche Pflanzen du auch tatsächlich verwenden wirst, wie viel Platz und wie viel Zeit sie zum Wachsen brauchen. Wenn du planst, in ein paar Wochen in den Urlaub zu fahren, solltest du keine Samen aussäen, die genau dann täglich gegossen werden müssen. Und wenn du nicht gern scharf isst, sind Chilis (s. S. 97) vielleicht auch nicht die beste Idee.

Die ersten Schritte zu einem grüneren Zuhause

Im Grunde genommen ist alles, was du für den Anfang brauchst, ein bisschen Geduld, ein bisschen Sonnenschein und ein bisschen Kreativität. Darüber hinaus brauchen viele Pflanzen in diesem Buch nur noch ein bisschen Blumenerde und Pflege. Obwohl du einige Pflanzen ganz umsonst aus Stecklingen oder Küchenresten in einem umfunktionierten Gefäß ziehen kannst, gibt es einige zusätzliche Werkzeuge, die nützlich sein könnten, insbesondere, wenn du beginnst, deine Gartenfläche über deine Fensterbank hinaus zu erweitern.

Eine kleine Gießkanne mit Brause-Aufsatz

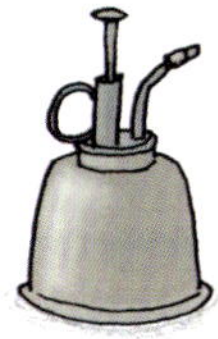

Eine Sprühflasche (für die Aussaat und die Pflege von Sämlingen)

Eine Schere für die Ernte

Ein Thermometer (äußerst praktisch, um herauszufinden, wie warm und pflanzengeeignet bestimmte Orte in deiner Wohnung sind)

Blumenerde

Die richtige Erde

Eingefleischte Gartenfreaks können sich gut und gerne mehrere Stunden lang über Erde austauschen. Und es stimmt, dass manche Pflanzen pingelig sind und eine besondere Bodenzusammensetzung brauchen. Auch weniger anspruchsvolle Pflanzen wie Sukkulenten (s. S. 103) brauchen eine Mischung mit viel Sand oder einem ähnlichen Material, damit das Wasser ablaufen kann. Aber im Allgemeinen eignet sich für die meisten Pflanzen – auch essbare – eine solide, gut durchlüftete Blumenerde, die Wasser speichern kann. Aber du solltest dich natürlich mit dem Thema beschäftigen – Indoor-Gärtnern hat seine ganz eigenen Anforderungen, und eine gute Blumenerde kann signifikant zum Erfolg deines Vorhabens beitragen.

Einige Mischungen für Indoor-Gärten enthalten überhaupt keine Erde, sondern bestehen aus Coir (gemahlene Kokosfaser) und Zusätzen wie Knochenmehl, Torf und Vermiculit (manchmal auch Perlit). Vermiculit (beziehungsweise Perlit) sind die kleinen weißen oder hellbraunen Punkte, die du in den entsprechenden Mischungen siehst. Sie verbessern die Belüftung des Bodens, speichern Wasser und sind daher äußerst nützlich und wichtig.

Egal, für welche Mischung du dich entscheidest: Klau nicht einfach Erde aus irgendeinem Blumenbeet draußen für deine Zimmerpflanzen. Und wenn du draußen eine Pflanze ausbuddelst, um sie nach drinnen zu verlegen, reinige die Wurzeln so gut wie möglich von der Erde. Echter Gartenboden ist nicht nur zu schwer und dicht für Zimmerpflanzen, sondern in ihm leben oft auch Insekten und Schädlinge, die sich bei dir etwas zu wohl fühlen könnten.

ÜBRIGENS: Während der Vegetationsperiode freuen sich manche Pflanzen über eine regelmäßige Düngergabe. Bei Tomaten (s. S. 142) ist Düngen sogar essenziell, wenn du eine optimale Ernte erzielen willst. Achte auf Bio-Dünger – Algendünger und Fischmehl sind gute Allrounder, wenn auch vielleicht etwas eigen im Geruch. Du kannst deine Tomaten und andere säureliebende Pflanzen auch mit Kaffeesatz düngen. Achte aber darauf, dass du deine Pflanzen nicht überdüngst, da sonst die Wurzeln „verbrennen" können.

Wasser marsch!

Draußen ist dieses Thema schnell geklärt, aber drinnen solltest du deine Wassergabe gut durchdenken. Erste Frage: Wohin fließt das Wasser, wenn es beim Gießen unten aus dem Gefäß rausläuft? Idealerweise haben deine Pflanzgefäße Löcher im Boden; denn das senkt das Risiko, dass die Wurzeln deiner Pflanzen durch übermäßiges Gießen schimmeln und ihre Blätter gelb und traurig herabhängen. Aber wenn das Wasser aus dem Gefäß ablaufen kann, brauchst du ein zweites, um es aufzufangen, damit deine Fensterbank, dein Tisch oder dein Bücherregal nicht bald unter Wasser steht.

Gefäße mit Löchern eröffnen dir auch die Möglichkeit, den Pflanzen von unten Wasser zuzuführen, indem du das Gefäß in ein Waschbecken mit etwas Wasser stellst und die Erde sich vollsaugen lässt. Diese Bewässerung ist besonders praktisch bei empfindlichen Gewächsen wie Sprossen oder Sämlingen.

Aber auch, wenn du in dein Gefäß der Wahl keine Löcher bohren kannst und auch keinen Innentopf hast, den du hineinstellen könntest, kannst du Abhilfe schaffen. Etwas feiner Kies oder auch Kohle am Boden des Topfes ermöglicht es dem Wasser, abzulaufen, und fördert die Durchlüftung. Wenn auch das aus irgendeinem Grund gerade keine Option für dich ist, weißt du jetzt immerhin für die Zukunft Bescheid.

Der beste Zeitpunkt zum Gießen ist morgens oder abends, da die meisten Pflanzen es nicht mögen, wenn die Sonne direkt auf ihren nassen Blättern steht. Sämlinge wachsen in der Regel besser bei einer hohen Luftfeuchtigkeit und mögen es, wenn du sie mit Wasser besprühst (auch ältere Pflanzen freuen sich bei warmem und trockenem Wetter über eine solche kleine Erfrischung). Rucola (s. S. 62) gießt du zum Beispiel am besten sanft von oben mit einer Gießkanne mit Brause-Aufsatz, um die Wurzeln nicht zu belästigen, während du bei ausgewachsenen Pflanzen und Kräutern ausschließlich nah an den Wurzeln gießen solltest.

Lerne deine Pflanzen kennen

Dieses Buch gibt für jede Pflanze eine Orientierung, wie viel Wasser sie benötigt, aber der Wasserbedarf hängt von vielen Faktoren ab – wo die Pflanze steht, wie viel Sonnenlicht sie bekommt, welche Jahreszeit es ist (viele Pflanzen benötigen den Winter über weniger Wasser) und sogar, in welcher Art von Gefäß sie sich befindet. Ein großer Plastiktopf kann mehr Wasser halten als ein kleiner Topf aus Terrakotta. Manche Pflanzen bevorzugen es, wenn die Erde vor dem nächsten Gießen komplett durchtrocknet, während andere lieber regelmäßig gegossen werden. Du siehst also: Du solltest dich mit deinen Pflanzen vertraut machen, indem du sie dir jeden Tag anschaust. So lernst du bald, woran du festmachen kannst, ob sie mit der Wassermenge zufrieden sind (und denk immer daran, dass zu viel Wasser genauso schlimm sein kann wie zu wenig).

So gut deine Vorsätze im Bezug auf Pflanzenpflege auch sein mögen: Es passiert schnell mal, dass man eine Aufgabe vergisst. Du könntest also eine fünfminütige Gärtner-Session in deine tägliche Routine einbauen und zum Beispiel mit Sprühflasche und Gießkanne bewaffnet durch die Wohnung ziehen, nachdem du morgens den Kaffee aufgesetzt hast. Oder wie wäre ein letzter Rundgang nach dem Abendessen? Sei auch beim Platzieren deiner Schützlinge vorausschauend und stell sie nirgendwohin, wo du sie schnell vergisst. Du weißt ja, wie man sagt: aus den Augen, aus dem Sinn.

SCHÄDLINGE

Auch wenn du dir größte Mühe gibst, andere Lebewesen von deiner Ernte fernzuhalten, wird sich das manchmal nicht verhindern lassen – Blattläuse können zum Beispiel sehr ungenierte Gäste sein. Isoliere die Pflanze als Erstes von Nachbarn ohne Befall und entferne alle stark betroffenen Blätter. Fülle dann eine Sprühflasche mit einer Mischung aus lauwarmem Wasser und einem Spritzer Spülmittel oder Schmierseife und besprühe täglich die Blattober- und -unterseiten der befallenen Pflanze, bis deine Gäste verstehen, dass sie nicht erwünscht sind.

Viele Kräuter haben eine insektenabwehrende Funktion. Du könntest sie also zur Hilfe ziehen, bevor ein Befall außer Kontrolle gerät oder um einem Rückfall vorzubeugen. Kamille, Schnittlauch, Koriander, Dill, Fenchel, Mutterkraut, Knoblauch, Lavendel, Polei-Minze, Rosmarin und Rainfarn, frisch oder getrocknet oder als Tee aufgebrüht und in eine Sprühflasche gefüllt, wirken alle abwehrend auf Ungeziefer.

KRANKHEITEN

Zimmerpflanzen können von Schimmel und Pilzerkrankungen befallen werden. Um das zu vermeiden, solltest du darauf achten, dass du deine Pflanzen nicht zu viel gießt und dass die Luft frei um sie zirkulieren kann. Falls eine deiner Pflanzen doch einmal Anzeichen zeigen sollte, isoliere sie von anderen Pflanzen und stell sie, falls möglich, für ein paar Tage nach draußen. Ein beliebtes Hausmittel gegen Schimmel ist Knoblauchsud. Zerdrücke dazu Knoblauch in einem Glas, gib Wasser dazu und lass den Sud 15 Minuten lang ziehen. Füll ihn anschließend in eine Sprühflasche und besprüh die betroffene Pflanze.

LUFT ZUM ATMEN

Wie auch wir Menschen brauchen Pflanzen Luft zum Atmen. Abgesehen von Gewächsen, die du ganz zu Anfang ihrer Wachstumsphase erntest, wie Erbsensprossen (s. S. 32) oder Microgreens (s. S. 26), mögen es Pflanzen nicht, wenn sie zu nah aneinander stehen. Die meisten Pflanzen freuen sich außerdem über eine sanfte Brise. Natürlich sollst du nicht im tiefsten Winter die Fenster

aufreißen, aber alles, was du essen willst, kann einen leichten Luftzug vertragen. Ein Mangel an frischer Luft kann nicht nur zu Schimmel führen, sondern auch zu faulenden Sprösslingen oder nicht keimen wollenden Samen. Manche für den Verzehr bestimmte Pflanzen, die normalerweise draußen kultiviert werden, werden durch eine steife Brise stärker. Wenn dein Mangold (s. S. 59) also einen etwas schwächlichen Eindruck macht, könnte es sein, dass ihm das Hin- und Herwiegen im Wind fehlt. Ein paar Stunden im Luftzug eines sanft eingestellten Ventilators können in so einem Fall Abhilfe schaffen.

Töpfe, Kübel, Gefäße

Du kannst natürlich deinem örtlichen Baumarkt oder deiner örtlichen Baumschule einen Besuch abstatten und Unmengen an braunen Plastiktöpfchen kaufen – für manche Anwendungszwecke sind diese zweifellos sehr nützlich –, aber genauso gut könntest du ein bisschen kreativ werden. Abgesehen von der Tatsache, dass du am Ende deiner gärtnerischen Mühen etwas zu essen auf dem Teller haben wirst, ist das hier vermutlich der spaßigste Teil deiner Gartengestaltung. Du solltest bei der Wahl deiner Gefäße zwei Faktoren berücksichtigen: die Drainage (wie bereits besprochen) und die Tiefe. Manche Pflanzen, die sich auch für eine Indoor-Kultur eignen, haben eine relativ lange Haupt- beziehungsweise Pfahlwurzel (ja, lieber Fenchel (s. S. 127), du bist gemeint) und brauchen ein dementsprechend tiefes Gefäß. Andere, so wie Microgreens (s. S. 26), brauchen gerade mal ein paar Zentimeter Erde. Aber abgesehen davon sind deiner Fantasie keine Grenzen gesetzt!

- Sieh dich in deiner Küche um: Gibt es irgendwelche Behältnisse, die du nicht benutzt? Hübsche Gläser und Gefäße eignen sich zum Beispiel hervorragend für die Anzucht von Stecklingen und um Staudensellerie (s. S. 47) und Salat (s. S. 53) nachwachsen zu lassen. Und einer alten Bratenform könntest du mit ein paar Erbsensprossen (s. S. 32) neues Leben einhauchen.

- Mach einen Ausflug in deinen örtlichen Second-Hand-Laden. Alte Kupferpfannen, ungewöhnliche Kannen und selbst Metalleimer sind nicht nur geeignete Pflanzgefäße, sondern auch wunderbare Blickfänger.

- Schmeiß nicht alles direkt weg. Essensboxen aus Plastik sind ideale Aussaatbehälter, und Blechdosen, von denen du das Etikett abgezogen hast, sehen als Kräutertöpfe richtig schick aus. Getränkeflaschen kannst du entzweischneiden und unten ein paar Löcher hereinstechen, um sie als Blumentopf zu recyceln. Anschließend kannst du sie in eine Teekanne oder ein anderes Keramikgefäß ohne Drainagelöcher stellen.

- Falls du jemanden kennst, der in einem Restaurant arbeitet, frag, ob das Restaurant Kühlboxen oder sonstige Gefäße übrig hat. Alte Olivenöldosen haben oft ein tolles Design, und durch die Gastrogrößen fühlen sich darin auch größere Pflanzen wie Avocado (s. S. 130) wohl. Mithilfe einer Punze oder eines Schraubendrehers und eines Hammers kannst du Drainagelöcher hineinschlagen. Chilis (s. S. 97) sehen äußerst dekorativ aus, wenn man sie in kleinen Kaffeesäcken zieht.

- Deine Pflanzen sollen zu deiner restlichen Inneneinrichtung passen? Wenn du das nächste Mal im Baumarkt bist, pack ein paar Terrakottatöpfe und Farbproben in deinen Einkaufswagen. Du könntest auch mit Malerkrepp und mehreren Farben deine eigenen zweifarbigen Designs erschaffen. (Aber achte darauf, nur die Außenseite des Topfs zu bemalen. Diese Technik eignet sich ohnehin eher für Blumentöpfe, in denen du nichts Essbares ziehst, denn die Farbchemikalien könnten in die Erde gelangen.)

- Upcycling hört nicht bei den Blumentöpfen auf. Eine leere Sprühflasche (die zuvor etwas Ungiftiges wie bspw. Olivenöl enthielt) kannst du gründlich ausspülen und zum Besprühen deiner Pflanzen verwenden. Und eine durchsichtige Plastiktüte kannst du zu einem Mini-Gewächshaus für deine Sämlinge umfunktionieren, falls deine Zimmerluft zu trocken oder kalt sein sollte.

DIY-Töpfe für Jungpflanzen

Manche Pflanzen – zum Beispiel Chili (s. S. 97) und Koriander (s. S. 124) – lassen sich auch drinnen aus Samen ziehen, mögen es aber nicht, wenn man zu viel mit ihnen rumhantiert. Wenn du sie in einen biologisch abbaubaren Topf säst, kannst du sie ganz einfach und ohne ihre Wurzeln behelligen zu müssen umpflanzen, sobald sie groß genug sind. Dazu kannst du beispielsweise einen bis zwei Samen in eine mit Blumenerde gefüllte Eierschale geben. Nebeneinander in einem Eierkarton aufgereiht können diese Eierschalen richtig niedlich aussehen, und beim Umpflanzen zerdrückst du die Schale einfach ein bisschen. Eine weitere Möglichkeit ist, Töpfchen aus Zeitungspapier zu basteln – das geht so:

- Such dir eine großformatige, ausschließlich mit schwarzem Text bedruckte Zeitungsseite. (Um Farben solltest du wegen der Chemikalien lieber einen Bogen machen.)

- Falte das Papier zu einem langen, schmalen Streifen.

- Schnapp dir ein Glas, das etwa halb so hoch ist wie dein Streifen breit. Lege es an ein Ende des Streifens, und rolle den Streifen um das Glas. Falte das überstehende Papier in die Glasöffnung. Keine Sorge, das Ergebnis darf ruhig unordentlich aussehen.

- Drück das Papier so lang um das Glas fest, bis du den Eindruck hast, dass es seine Form hält. Ziehe dann das Glas heraus.

- Drück nun das Glas andersherum, also mit dem Boden nach unten, in den Zeitungspapiertopf, um das Papier zu einem Boden glattzudrücken.

- Nimm das Glas wieder heraus und fülle deinen Topf mit Blumenerde – diese wird den Topf zusätzlich stabilisieren. Stell den Topf trotzdem in ein Behältnis, wenn du deine Samen aussäst, damit er etwas sicherer steht.

- Sobald deine Pflanze groß genug ist, kannst du sie einfach zusammen mit dem Zeitungspapiertopf umpflanzen. Das Papier wird sich innerhalb kurzer Zeit auflösen, und die Wurzeln deiner Jungpflanze sind keinem Stress durch das Umpflanzen ausgesetzt.

ÜBRIGENS: Eigentlich ist das offensichtlich, aber wenn Chemikalien in deiner Erde, deinem Topf oder in dem Dünger, den du verwendest, stecken, können diese letztendlich irgendwann in die Blätter deiner Pflanzen gelangen. Da dir sicher an einem möglichst natürlichen und biologischen Fensterbankgarten gelegen ist, solltest du das immer im Hinterkopf behalten.

Pflanzen

Microgreens

SCHWIERIGKEIT	ZEIT	LICHT	GIESSEN
Sehr einfach	Sehr schnell	Ausreichend	Sanft und häufig

Diese trendigen grünen Garnierungen und Salatzugaben sind in Gastronomie und der heimischen Küche gleichermaßen beliebt, denn sie stecken voller Aroma und machen auch optisch einiges her. Sie schmecken nicht nur gut, sondern enthalten auch eine Menge Nährstoffe. Untersuchungen haben gezeigt, dass in den winzigen Blättchen ein Vielfaches – teilweise bis zum Vierzigfachen – der Nährstoffe der erwachsenen Pflanze steckt.

Microgreens kannst du teuer kaufen – oder ganz einfach bei dir zu Hause ziehen. Sie bevorzugen sogar eine Indoor-Kultur und wachsen zudem extrem schnell. Von der Aussaat bis zur Ernte dauert es oft nur zwei bis vier Wochen. Microgreens sind außerdem ein gutes Einstiegsprojekt, falls du gerade erst mit dem Gärtnern anfängst: Dank ihres schnellen Wachstums kannst du mit ihnen geeignete Pflanzenstandorte in deiner Wohnung identifizieren.

Als Gefäß eignet sich eine flache Anzuchtschale mit Abflussmöglichkeit – irgendein alter Essensbehälter, in den du ein paar Löcher bohren kannst, ist völlig ausreichend. Microgreens brauchen nur eine dünne Schicht Erde. Sorge dafür, dass diese vor der Aussaat feucht, aber nicht komplett durchnässt ist. Außerdem solltest du sie nicht zu sehr andrücken. Sie sollte locker und luftig in deinem Behältnis liegen (falls sie durch die Drainagelöcher rieselt, bedecke den Boden vor dem Einfüllen mit einem Küchentuch oder etwas Ähnlichem). Säe die Samen ruhig dicht aus – Microgreens brauchen schließlich nicht so viel Platz wie erwachsene Pflanzen, und so hast du schon bei einer kleinen Fläche eine ordentliche Ernte. Bedecke die Erde anschließend mit einem Tuch, damit die Samen es bis zum Keimen dunkel haben.

Etwa drei bis vier Tage später sollten sich erste Keime zeigen. Gib ihnen jeden Tag etwas Wasser. Damit sie unter einem harten Gießkannenstrahl nicht gleich umknicken, stell dein Behältnis am besten für ein paar Minuten in ein etwas mit Wasser gefülltes Waschbecken, damit die Erde sich durch die Drainagelöcher mit Wasser vollsaugen kann. Alternativ kannst du die Erde auch von oben großzügig mit einer Sprühflasche befeuchten. Sobald die Pflanzen die gewünschte Größe erreicht haben, kannst du sie einfach mit einer Schere ernten. Mit etwas Glück – und falls es noch Sämlinge gibt, die sich über den neugewonnenen Platz freuen – kannst du die Microgreens einige Zeit später ein zweites Mal ernten. Oder du startest direkt eine neue Runde. Im Kühlschrank halten sich Microgreens ein paar Tage, aber sie sind um Welten besser, wenn du sie einfach bei Bedarf schneidest und ganz frisch verwendest.

Es gibt unzählige Arten von Microgreens, die du ausprobieren kannst. Im Folgenden findest du fünf der beliebtesten. Aber Vorsicht – sobald du einmal von diesen zauberhaften kleinen Blättchen gekostet hast, wird es schwer sein, mit dem Experimentieren aufzuhören.

ÜBRIGENS: Aus einem alten Muffinblech kannst du deinen eigenen Microgreens-Garten machen. Streu einfach in jede Vertiefung etwas feinen Schotter und bedecke ihn mit Erde. Besonders hübsch sieht es aus, wenn du verschiedene Sorten pflanzt, die einen Farbkontrast bilden.

BROKKOLI

Neben ihrem zarten Geschmack und ihrer knackigen Konsistenz überzeugen Brokkolisprossen auch mit ihrem hohen Gehalt an Vitamin A und C. Säe die Samen dicht aus und ernte deinen Brokkoli, sobald sich die ersten „echten" Blätter zeigen. Sie sind rund und haben etwas Ähnlichkeit mit Kresse – wie Mini-Brokkoli sehen sie leider nicht aus, auch wenn das niedlich wäre.

MANGOLD

Wenn du rotstieligen Mangold aussäst, kannst du dich nach einiger Zeit – neben dem Geschmack – an farbenfrohen Pflänzchen in deinem Microgreens-Behälter erfreuen. Mangoldsprossen haben einen dezenten, erdigen Geschmack und weniger Aroma als andere Pflanzen. Sie sind also eine gute Option, wenn du deine Microgreens mischst und nicht willst, dass jedes einzelne Blättchen eine kleine Geschmacksbombe ist.

ROTES BASILIKUM

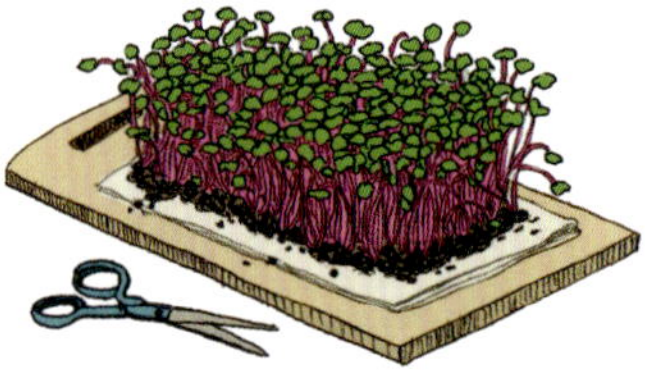

Diese Sprossen sind nichts für schwache Geschmacksnerven – oder eigentlich doch, denn sie sind Aroma pur. Noch dazu sind sie mit ihrer tiefvioletten, beinahe schwarzen Farbe echte Blickfänger. Die Basilikumsprossen machen sich optisch und geschmacklich gut zu Risotto, Pasta oder Tomaten mit Mozzarella. Außerdem wachsen sie schnell. Ernte die Blätter, wenn sie noch recht klein sind; oft brauchen sie nicht mal zehn Tage Wachstumszeit ab dem Keimen.

ROTE BETE

Diese klassischen Microgreens mit ihren tiefroten Stielen sind eine wahre Augenweide. Sie brauchen jedoch ein wenig länger, bis sie erntereif sind, weil die Blätter im Vergleich zu anderen Microgreens größer sein sollten – rechne etwa drei bis vier Wochen ein. Durch die größeren Blätter machen sich die Rote-Bete-Sprossen gut in Salaten.

GRÜNKOHL

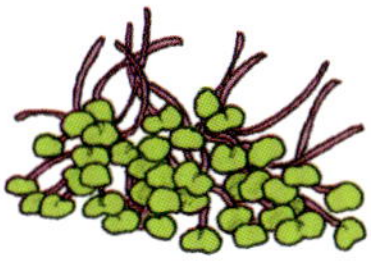

Grünkohl ist eins der nährstoffreichsten Gemüse der Welt. Und Grünkohlsprossen übertreffen diesen Superlativ noch, denn jedes einzelne Blatt enthält im Vergleich zur ausgewachsenen Pflanze viermal so viele Vitamine und Mineralien. Außerdem wächst Grünkohl schnell, und du kannst die Sprossen essen, sobald sich erste Blätter gebildet haben.

Erbsensprossen

SCHWIERIGKEIT	ZEIT	LICHT	GIESSEN
Sehr einfach	Sehr schnell	Ausreichend	Sanft und häufig

Gibt es einen frühlingshafteren Geschmack als frische Erbsensprossen? In jedem Fall sind sie sehr gesund, denn sie enthalten neben anderen Nährstoffen auch Folsäure, Antioxidantien und Vitamin C. Sie sind sehr einfach zu kultivierende Pflanzen ohne große Ansprüche, und wenn du eine sonnenbeschienene Fensterbank hast, kannst sie du selbst im tiefsten Winter aussäen. Noch dazu kosten sie so gut wie nichts!

Nimm einfach ein paar gekaufte Erbsen und leg sie über Nacht in Wasser ein. Schnapp dir eine flache Anzuchtschale mit einer Abflussmöglichkeit, gib eine Schicht Blumenerde darauf und besprühe diese mit Wasser. Anschließend kannst du die eingeweichten Erbsen auf die Erde legen. Du brauchst nicht viel Platz zwischen den einzelnen Erbsen zu lassen, denn du willst sie ja nicht zu erwachsenen Pflanzen heranwachsen lassen. Gib zum Schluss noch eine dünne Schicht Blumenerde über die Erbsen und besprühe diese wiederum mit Wasser.

Achte darauf, dass deine Erbsen stets feucht bleiben. Aber übergieß sie nicht. Je nachdem, wie trocken die Luft bei dir ist, kannst du ihnen mit einer Sprühflasche Wasser zuführen oder mit einem Bad, indem du dein Behältnis in ein bisschen Wasser stellst. So kann sich die Erde durch die Drainagelöcher vollsaugen.

Mit etwas Glück kannst du deine Erbsensprossen schon nach zwei Wochen ernten – oder du wartest, bis sie etwas größer sind. Wenn du sie zu lange wachsen lässt, werden sie allerdings hart und leicht bitter. Nach der Ernte mit einer Schere kann es sein, dass die kleineren Sprossen noch mal loslegen und dir eine zweite Ernte schenken.

ÜBRIGENS: Manche Menschen schwören zur Anzucht von Erbsensprossen auf von Marktständen aussortierte alte Obst- und Gemüsekisten. Um zu verhindern, dass die Erde unten herausrieselt, kannst du sie mit ein paar Schichten Zeitungspapier auslegen. In jedem Fall machen diese Kisten optisch einiges her.

Babyspinat

SCHWIERIGKEIT	ZEIT	LICHT	GIESSEN
Einfach	Sehr schnell	Hell	Regelmäßig

Die kleine Blattgröße von Babyspinat macht ihn zum idealen Fensterbankgewächs. Außerdem ist er extrem vielseitig – du kannst ihn roh im Salat essen, ein paar Handvoll in Gerichte wie Risottos oder Currys geben oder damit einen griechischen Spinat-Feta-Auflauf machen. Und ganz nebenbei enthält er auch noch eine Menge Vitamin A, C, K, Magnesium und Eisen.

Wenn du ein größeres Behältnis hast – wie etwa das, in dem zuvor deine Erbsensprossen (s. S. 32) gewachsen sind –, kannst du mit einer ordentlichen Ernte rechnen. Spinat ist nicht sehr anspruchsvoll. Ihm reichen selbst 10 cm Standard-Blumenerde. Er mag es lieber kühl, eignet sich also ideal für eine Aussaat im Frühfrühling. Wässere die Erde vor der Aussaat und lass das Wasser ablaufen, sodass die Erde feucht, aber nicht komplett durchnässt ist. Mach mit einem Stäbchen oder deinem Finger ca. 2,5 cm tiefe Löcher in einem Abstand von 10 cm. Gib in jedes Loch zwei oder drei Samen. Bedecke sie mit Erde und befeuchte sie.

Prüf jeden Tag, wie trocken die Erde ist, aber gib den Samen nur dann etwas Wasser, wenn sie wirklich welches brauchen. Spinat möchte nicht durchgehend feucht gehalten werden. Die Samen sollten innerhalb von einer bis zwei Wochen keimen. Weitere ein bis zwei Wochen später, je nach Jahreszeit, solltest du die erste Ernte einfahren können. Du kannst Babyspinat ernten, sobald er essbar aussieht. Knipse ihn möglichst bodennah ab und ernte zuerst die äußeren Blätter.

Bohnensprossen

SCHWIERIGKEIT	ZEIT	LICHT	GIESSEN
Einfach	Sehr schnell	Wenig	Täglich

Erinnerst du dich noch an diese Packung getrockneter Mungbohnen ganz hinten in deinem Schrank? Anstatt im Supermarkt ein kleines Vermögen für Bohnensprossen auszugeben, von denen du nur die Hälfte isst, während die andere Hälfte im Gemüsefach deines Kühlschranks einen gallertartigen Zustand annimmt, kannst du dir auch einfach deine eigenen Bohnensprossen für deine nächste Gemüsepfanne ziehen. Linsen, Kichererbsen und die meisten Hülsenfrüchte, die nicht irgendwie zerteilt wurden, tun es ebenso gut. In manchen Bioläden oder Reformhäusern gibt es auch Sprossenmischungen mit verschiedenen Hülsenfrüchten. Achte aber darauf, dass deine Samen theoretisch nach dem Kochen essbar wären und nicht ausschließlich für die Aussaat gedacht sind.

Wasche deine Bohnen, Erbsen oder Linsen zuerst gründlich in einem Sieb. Gib sie anschließend in ein großes Glas – dein Gefäß sollte etwa sechsmal die Menge Bohnen fassen können, die du keimen lassen willst. Schon aus einer kleinen Handvoll Mungbohnen kann eine beträchtliche Menge Sprossen werden.

Falls dein Glas einen Siebdeckel hat: hervorragend. Falls nicht: auch nicht schlimm; ein grobmaschiges Tuch und ein Gummiband sind völlig ausreichend. Fülle das Glas fast vollständig mit Wasser und lasse es über Nacht an einem kühlen, dunklen Ort in deiner Küche stehen. Gieße am nächsten Tag das Wasser aus (hier kommt der Siebdeckel beziehungsweise das Tuch zum Tragen), spüle die Bohnen einmal durch und gieße das Wasser wieder ab. Jetzt kann das Glas wieder zurück an seinen kühlen, dunklen Ort. Lege es allerdings diesmal auf die Seite.

Nach etwa zwei Tagen sollten sich die ersten Sprossen zeigen. Fülle dann das Glas wieder mit Wasser, schüttel es einmal durch und gieße das Wasser dann wieder aus. Falls du daran denkst, wiederhole das noch einmal am selben Tag und lege das Glas anschließend wieder hin.

Ab Tag vier sollten deine Sprossen essbar sein. Du kannst sie aber auch noch einige Tage weiterwachsen lassen, falls du größere Sprossen bevorzugst. Gib sie zum Essen in eine große Schüssel mit Wasser, damit die leeren Hülsen nach oben schwimmen und du sie ganz einfach entfernen kannst. Trockne die Sprossen anschließend auf einem Geschirrtuch und sortiere alle Bohnen aus, die nicht gekeimt sind. Die Sprossen halten sich bis zu sechs Tage lang im Kühlschrank, bevor sie braun und schleimig werden. Wenn du den Eindruck hast, dass deine Sprossen austrocknen, spendiere ihnen einfach eine kurze Dusche unter dem Wasserhahn.

Buchweizensalat

SCHWIERIGKEIT	ZEIT	LICHT	GIESSEN
Einfach	Sehr schnell	Hell	Regelmäßig

In vielen gut sortierten Läden gibt es inzwischen Buchweizen zu kaufen – wie wäre es also mit einem einfach und schnell zu ziehenden, aber ungewöhnlichen Salat? Normalerweise begegnet man Buchweizen eher in Form von Mehl, aus dem sowohl japanische Soba-Nudeln als auch russische Blinis und französische Galettes gemacht werden. Entgegen seinem Namen ist Buchweizen übrigens überhaupt nicht mit Weizen verwandt, dafür aber mit Sauerampfer und Rhabarber.

Junge Buchweizenpflanzen haben zwei einander gegenüberliegende runde Blätter und sind erntereif, wenn sie etwa 8 bis 9 cm groß sind. Das sollte ab Aussaat nicht länger als zwei Wochen dauern – sie sind also echte Sprintgewächse. Buchweizenblätter haben ein dezentes, feines Aroma, das sich gut in Salaten macht, die keinen weiteren starken Geschmack brauchen. Buchweizenkeimlinge enthalten die Vitamine A, B2, B3, C und Rutin, ein Stoff, der stärkend auf Blutgefäße wirken kann. Eine Handvoll Buchweizenblätter schadet deinem nächsten grünen Smoothie also bestimmt nicht.

Die Anzucht gestaltet sich ähnlich wie bei Erbsensprossen (s. S. 32), bis auf die Tatsache, dass dein Gefäß ruhig etwas kleiner sein kann (Löcher sollte es allerdings trotzdem haben). Lass deinen Buchweizen sich über Nacht (oder mindestens acht Stunden lang) in einem halb gefüllten Wasserglas vollsaugen. Verteile ihn auf einer dünnen Schicht befeuchteter Erde und bestreue ihn anschließend mit etwas davon. Du kannst Buchweizen ruhig dicht aussäen. Falls die Sprossen dir verdächtig haarig vorkommen oder er fault, ist die Luftzirkulation wahrscheinlich suboptimal. Dünne die Keimlinge in einem solchen Fall aus und stell dein Gefäß an ein offenes Fenster oder nach draußen, damit sie etwas frische Luft bekommen.

Ernte mit einer Schere alles auf einmal ab und lagere die Blätter im Kühlschrank. Manchmal treibt Buchweizen noch einmal aus; du kannst also dein Glück versuchen und die kahlen Stiele noch ein bisschen in der Sonne stehen lassen.

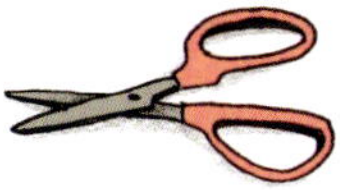

Möhrengrün

SCHWIERIGKEIT	ZEIT	LICHT	GIESSEN
Einfach	Schnell	Hell	Häufig

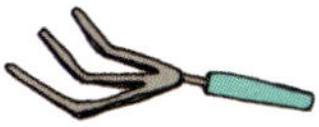

Diese Anleitung ist ein gutes Beispiel dafür, wie wir Essensreste, die wir normalerweise wegschmeißen würden, in neues Essen verwandeln können – und zwar völlig kostenlos. In diesem Fall wird aus den abgeschnittenen oberen Enden von gekauften Möhren innerhalb kurzer Zeit ein Vorrat aus köstlichem Möhrengrün.

Achte beim Vorbereiten der Möhren darauf, dass du etwas mehr abschneidest, als du es normalerweise tun würdest (ca. 2,5 cm), denn die neuen Wurzeln wachsen nicht unten aus deinem Möhrenstück, sondern aus den Seiten. Stell dein Möhrenstück mit der Schnittkante nach unten in einen Unterteller mit Wasser oder steck ihn in einen Blumentopf mit gut durchfeuchteter Erde. Es reicht, wenn dein Stück bis zur Hälfte von Wasser beziehungsweise Erde bedeckt ist. Stell dein Möhrenstück an einen sonnigen Ort und wechsle alle paar Tage das Wasser oder gieße es.

Innerhalb einiger Wochen (je nach Jahreszeit) sollte etwas Möhrengrün nachgewachsen sein. Dieses unterschätzte Grünzeug ist eine großartige Vitaminquelle, schmeckt ein wenig wie Petersilie (s. S. 91) und, wenig überraschend, Möhren. Du kannst das Möhrengrün wie andere Kräuter benutzen. Es macht sich gut über gebratenen Möhren, in Taboulé und anderen Salaten dieser Art. Außerdem passt Möhrengrün hervorragend zu Minze (s. S. 68).

Möhrengrün anzupflanzen macht auch mit Kindern viel Spaß, da es ein einfaches Projekt ist, das schnell Ergebnisse zeigt. Ihr könntet ein Möhrenstück in Erde und eins in Wasser wachsen lassen und schauen, welches besser austreibt.

Staudensellerie

SCHWIERIGKEIT	ZEIT	LICHT	GIESSEN
Einfach	Schnell	Hell	Häufig

Staudensellerie nachwachsen zu lassen funktioniert ähnlich wie bei Salat (s. S. 53). Achte beim Abschneiden der Selleriestangen lediglich darauf, mindestens 3 cm stehen zu lassen. Stell das Sellerieende dann mit der Schnittfläche nach oben in ein flaches Gefäß mit Wasser und sieh zu, wie der Sellerie wie von Zauberhand nachwächst.

Die aus einem solchen Rest gewachsene Pflanze wird mehr Blätter als Stangen haben, aber das ist mehr als in Ordnung: Sellerieblätter haben ihre ganz eigenen Vorzüge. Sie enthalten unter anderem das Antioxidans Vitamin E sowie eine ordentliche Portion Calcium. Sobald deine neu ausgetriebene Selleriepflanze einen robusten und gesunden Eindruck macht, kannst du ein paar Blätter abschneiden und in deinen morgendlichen Smoothie, einen mittäglichen Salat oder deine nächste Suppe geben. Du kannst gehackte Sellerieblätter genauso verwenden, wie du andere Kräuter verwenden würdest.

Eine der schmackhaftesten Verarbeitungsmöglichkeiten für Sellerieblätter ist ein Pesto. Püriere dazu ein paar

Knoblauchzehen, und gib drei bis vier Handvoll Sellerieblätter sowie eine kleine Handvoll Nüsse hinzu – Pinienkerne, Cashews oder Mandeln passen gut. Pürier alles einmal gut durch. Füge einen großzügigen Schuss Olivenöl und zum Schluss ein paar Esslöffel geriebenen Parmesan hinzu. Das Pesto hält sich im Kühlschrank etwa eine Woche lang, aber vermutlich wirst du es ohnehin schon vorher aufgegessen haben, weil es zu fast allem passt!

Knoblauchgrün

SCHWIERIGKEIT	ZEIT	LICHT	GIESSEN
Einfach	Schnell	Mittel bis hell	Regelmäßig

Nerven dich auch immer diese kleinen, wahnsinnig schwer zu schälenden Zehen in der Mitte von Knoblauchknollen? Statt sie zum Kochen zu verwenden, steck sie in einem Abstand von etwa 2,5 cm in einen Blumentopf mit Erde, so tief, dass die spitzen Enden gerade so bedeckt sind. Innerhalb von ein paar Wochen treiben die Zehen aus, und es wachsen grüne Stiele in die Höhe. Sobald diese lang genug sind, kannst du die Enden mit einer Schere abschneiden. Lass ein paar Zentimeter stehen, damit der Schock für die Pflanze nicht zu groß ist und sie wieder nachwachsen kann. Wenn die Zehen größer werden und zu viel Platz in deinem Topf einnehmen, kannst du sie aus der Erde holen und verkochen.

Dieses Knoblauchgrün schmeckt ähnlich wie wilder Knoblauch, ist aber weniger kräftig und nicht so erdig. Verwende es einfach wie eine Knoblauch-Version von Schnittlauch oder wie andere hocharomatische grüne Kräuter. Kleine Rezeptidee: Hack ein bisschen Knoblauchgrün, streu es über ein Stück Weißfisch, gib ein paar Scheiben Zitrone dazu, umwickele das Ganze mit Backpapier und schieb es in den Ofen. Oder du machst mit ein paar Esslöffeln gehacktem Knoblauchgrün und etwas Salz und Pfeffer deine eigene Knoblauchbutter. Neben der ansprechenden grünen Farbe hat eine solche Knoblauchbutter den Vorteil, dass du nicht plötzlich unangenehme Stücke rohen Knoblauchs in deinem Knoblauchbrot oder auf deinem Steak entdeckst.

Salat

SCHWIERIGKEIT	ZEIT	LICHT	GIESSEN
Einfach	Schnell	Hell	Häufig

Wirf das Endstück deiner Salate nicht weg! Aus ihm kannst du ohne viel Aufwand einen neuen Salatkopf ziehen.

Alles, was du dafür tun musst, ist, das Endstück in ein Glas oder flaches Gefäß mit Wasser zu stellen und dieses auf eine sonnige (aber nicht zu helle) Fensterbank zu stellen. Die Kunst hierbei ist, das Ende des Salats im Wasser zu halten, ohne das gesamte Stück zu versenken, wodurch es faulen würde. Gib nach Bedarf mehr Wasser hinzu, und wechsle es aus, sobald es leicht grünlich wird. Wenn du kleine Teetassen oder eingefärbtes Glas verwendest, sieht dein heimisches Salatfeld gleich noch etwas hübscher aus.

Etwa eine Woche später sollten sich erste Anzeichen zeigen, dass dein Salat nachwächst. Dann kannst du ihn in einen Blumentopf mit Erde umpflanzen, damit er mehr Zeit zum Wachsen hat. Deinen Salatbedarf kannst du einfach Blatt für Blatt decken. Wenn du das Gefühl hast, dass das Umpflanzen nicht viel bringen würde, kannst du es dir natürlich auch sparen und einfach alle neu gewachsenen Blätter auf einmal verwenden. In jedem Fall hast du mit einer verschwindend kleinen Zeitinvestition ein Stück Küchenabfall in ein aromatisches neues Mitglied für deinen Fensterbankgarten verwandelt.

Diese Methode funktioniert allerdings nicht bei allen Salatarten. Am besten klappt es mit Romanasalat oder ähnlichen Arten, die eine kompakte, ovale Form haben. Andererseits ist diese Methode so simpel, dass du nicht viel zu verlieren hast, also probier es ruhig mit jedem Endstück aus, das dir geeignet erscheint. Falls nichts daraus wird, landet es eben, wie sonst auch, auf dem Kompost.

Radieschen

SCHWIERIGKEIT	ZEIT	LICHT	GIESSEN
Einfach	Schnell	Hell	Häufig

Radieschen eignen sich sehr gut für eine Anzucht im Frühfrühling. Die meisten Sorten wachsen überraschend schnell, du kannst sowohl Blätter als auch die Wurzel essen – und selbst gezogene Radieschen haben ein Aroma, bei dem Exemplare, die schon seit ein paar Tagen im Supermarkt herumliegen, einfach nicht mithalten können.

Steck deine Radieschensamen in einem Abstand von etwa 5 cm und ungefähr 1 cm tief in einen Blumentopf mit vorbefeuchteter Zimmerblumenerde, bedecke sie anschließend leicht und besprühe sie mit Wasser. Falls es noch sehr früh im Jahr ist, kannst du den Topf mit einer durchsichtigen Plastiktüte bedecken, damit die Samen es warm und feucht genug haben und schneller keimen.

Gib den Sämlingen genug Wasser, aber ertränke sie nicht. Wenn sie etwas größer sind, kann es gut sein, dass du sie ausdünnen musst. Aber schmeiß die schwächeren nicht weg – nach einem kurzen Waschgang peppen sie jeden Salat auf.

Ernte deine Radieschen, solange sie noch jung und zart sind. Wenn du sie zu lange wachsen lässt, verholzen sie schnell. Mit ein bisschen Glück hältst du knapp einen Monat nach der Aussaat kleinen Juwelen gleichende, saftige und angenehm scharfe Radieschen in den Händen.

Mangold

SCHWIERIGKEIT	ZEIT	LICHT	GIESSEN
Einfach	Mittel	Mittel	Regelmäßig

Mangold ist nährstoffreich, relativ anspruchslos und schnellwüchsig, kann sowohl roh als auch gegart gegessen werden und sieht mit seinen fröhlichen bunten Stielen auch noch toll aus. Und wenn du ihn im Spätsommer aussäst, kannst du die tiefgrünen Blätter genau dann ernten, wenn die Tage immer grauer werden und grüne Dinge Seltenheitswert bekommen.

Mangold braucht keinen besonders tiefen Topf, aber bedenke, dass seine Blätter recht groß werden können. Bei der Wahl deines Topfes solltest du also auf Stabilität achten, wenn du ihn nicht ständig wieder aufrichten willst, weil er wegen ungleich verteilten Gewichts umgekippt ist. Gib ein paar Samen in gut durchfeuchtete Erde, bedecke und besprühe sie. Falls du das Gefühl hast, dass sie einfach nicht keimen wollen, könnte das daran liegen, dass es ihnen bei dir zu kalt ist. Mithilfe einer durchsichtigen Plastiktüte und einem Gummiband kannst du ihnen einfach ein behelfsmäßiges Gewächshaus basteln.

Junge Blätter sind ein Blickfang im Salat, größere Blätter kannst du verwenden wie (sehr schicken) Grünkohl oder (sehr bunten) Spinat. Profis kochen den Stiel übrigens getrennt von den Blättern, denn er braucht etwas länger. Schwitze ihn in etwas Butter oder Olivenöl an, und gib die gehackten Blätter am Ende hinzu, sodass sie zusammenfallen. Durch seine robusten nussigen und erdigen Aromen schmeckt er großartig in Kombination mit Frischkäse und geräuchertem Fisch.

ÜBRIGENS: Um das Keimen zu beschleunigen, kannst du die Samen vor der Aussaat ein paar Stunden lang in lauwarmem Wasser einweichen.

Rucola / Rauke

SCHWIERIGKEIT	ZEIT	LICHT	GIESSEN
Einfach	Schnell	Mittel	Sanft und regelmäßig

Falls auf deiner Fensterbank genug Platz ist für ein langes und schmales oder quadratisches Gefäß, das mindestens 12 cm hoch ist, könntest du versuchen, Rucola anzupflanzen. Rucola hat einen köstlichen, scharfen, pfeffrigen Geschmack und wächst am besten in kühleren Monaten, eignet sich also für Herbst und Frühfrühling. Je nach Jahreszeit kannst du ihn bereits einige Wochen nach der Aussaat ernten und deinen Salaten hinzufügen.

Fülle zuerst dein Gefäß mit Erde – je tiefer die Erde, desto größer können die Blätter später werden. Streu die Samen aus, bedecke sie mit einer dünnen Schicht Erde und gieße sie sanft, aber ausreichend. Falls es noch früh im Jahr ist, kannst du eine durchsichtige Plastiktüte über dein Gefäß spannen, um die Samen warmzuhalten. Sobald sie gekeimt sind, kannst du eventuelle übrige Samen in die Lücken einsäen.

Sobald die Blätter groß genug zum Verzehr sind, ernte die größeren mithilfe einer Schere. Lass die kleineren stehen, damit sie weiterwachsen können. Größere Blätter schmecken kräftiger, kleinere eher dezent. Die Blätter, die du abgeschnitten hast, werden sehr wahrscheinlich nachwachsen. Du kannst anschließend noch ungefähr zwei weitere Male ernten, bevor die Blätter zu sehr wuchern und bitter werden.

Achte darauf, deinen Rucola genug zu gießen – aber übertreib es natürlich nicht. Bei hohen Temperaturen neigt Rucola zum Aufschießen, also der plötzlichen Entwicklung von Blüten und Samen. Die Blüten sind essbar, aber die Pflanze ist in diesem Stadium eher hart und besteht hauptsächlich aus Stiel und nicht mehr aus Blättern. Um das Aufschießen zu verhindern, kannst du dein Gefäß an einen schattigeren Ort oder, falls du die Möglichkeit hast, nach draußen stellen, sobald die Temperaturen steigen. Falls es einen Kälteeinbruch geben sollte, achte darauf, dass dein Rucola nicht zu nah an der Heizung und anderen Wärmequellen steht. Du findest das vielleicht gemütlich, dein Rucola aber ganz und gar nicht.

Schnittlauch

SCHWIERIGKEIT	ZEIT	LICHT	GIESSEN
Einfach	Schnell	Hell	Regelmäßig

Schnittlauch ist das kleinste und zarteste Mitglied der Lauchfamilie, sollte aber dennoch nicht unterschätzt werden. Er passt gut zu Kartoffeln und Eiern – eine Handvoll gehackter Schnittlauch gibt beispielsweise einem cremigen, sommerlichen Kartoffelsalat das gewisse Etwas. Der Vorteil daran, Schnittlauch auf der heimischen Fensterbank zu züchten, ist, dass du ihn immer griffbereit hast und nicht einen ganzen in Plastik verpackten Bund kaufen musst, der auf dem Weg nach Hause unweigerlich ein paar Blessuren davonträgt.

Schnittlauch lässt sich ganz einfach im Spätwinter aus Samen ziehen. Um ihn zu ernten, schneidest du einfach die längsten Blätter nahe am Boden ab. Das verhindert, dass sie zu sehr in die Höhe wuchern, und regt die Pflanze dazu an, mehr Blätter zu produzieren. Du solltest deinen Schnittlauch also in jedem Fall beschneiden – falls du gerade keinen brauchst, kannst du ihn hacken und mit etwas Wasser in einer Eiswürfelform für eine spätere Verwendung einfrieren.

Falls dein Schnittlauch blühen sollte, ist das nicht weiter schlimm (anders als bei Rosmarin und Thymian, s. S. 71 und 118). Schnittlauchblüten sind violett oder leicht rosafarben. Sie schmecken gut und sind eine hübsche Zugabe zu Salaten. Aber schneide die Blüten von der Pflanze ab, bevor sie zu verblühen beginnen. Das sorgt dafür, dass deine Pflanze buschig und produktiv bleibt.

Minze

SCHWIERIGKEIT	ZEIT	LICHT	GIESSEN
Einfach	Mittel	Hell	Regelmäßig

Minze soll eine konzentrationsfördernde Wirkung haben. Falls du also von zu Hause arbeitest, profitierst du vielleicht von einer Minzpflanze auf deinem Schreibtisch. Wenn du das nächste Mal ein paar Minzzweige zum Kochen kaufst – oder falls es eine Minzpflanze gibt, von der du Stecklinge schneiden kannst –, trenne die unteren Blätter von einem Zweig Minze ab und stell ihn in ein Glas Wasser, bis er Wurzeln bildet. Am besten belässt du es bei einem Zweig pro Glas, denn die Blätter brauchen Licht, wenn die Pflanze Wurzeln produzieren soll. Sobald sich drei Wurzeln gebildet haben, die ein paar Zentimeter lang sind, kannst du die Minze in einen Topf mit Erde pflanzen – jetzt ruhig mehrere Stecklinge pro Topf.

Minze mag sonnige, aber nicht zu heiße Standorte. Sie wird gerne regelmäßig gegossen, will aber nicht durchgehend feucht gehalten werden. Dreh deinen Topf alle paar Tage, denn Minze neigt dazu, in Richtung Licht zu wachsen und einfach nur in die Höhe zu wuchern. Wie auch bei Basilikum (s. S. 121) kannst du die oberen Zweigenden abknipsen, wenn deine Minze zu hoch wächst – das regt ein buschigeres Wachstum an.

Sobald deine Minzpflanze robust genug ist, kannst du pro Ernte ruhig mehrere Zweige abschneiden, um sie zum Kochen, für einen beruhigenden Tee oder für einen mindestens ebenso beruhigenden Mojito zu verwenden.

ÜBRIGENS: Minze verträgt sich nicht gut mit anderen Pflanzen. Pflanz sie also lieber in ihren eigenen Topf, damit sie keine Mitpflanzen aussticht.

Rosmarin

SCHWIERIGKEIT	ZEIT	LICHT	GIESSEN
Einfach	Mittel	Mittel	Gelegentlich

Schon ein paar Zweige Rosmarin genügen, um Lammgerichten, Bratkartoffeln und sogar Pastagerichten mit Fleisch wie Lasagne das gewisse Etwas zu verleihen. Rosmarinpflanzen lassen sich ganz einfach aus Stecklingen ziehen, viel einfacher als aus Samen, die oft extrem lange brauchen. Vielleicht findet sich in deinem Bekanntenkreis ja jemand, der einen Rosmarinstrauch im Garten stehen hat und der ein paar Zweigchen entbehren kann.

Schneide vier bis fünf etwa 10 cm lange Zweige ab. Entferne vorsichtig die unteren Blätter und stell die Stecklinge in ein mit Wasser gefülltes Marmeladenglas auf eine Fensterbank. Achte darauf, dass keine Blätter das Wasser berühren. Sobald die Stecklinge etwa drei gute Wurzeln gebildet haben, pflanz sie in einen Topf mit Erde und Drainageloch an der Unterseite – Rosmarin verträgt keine durchnässte Erde. Am besten steckst du sie einfach am Rand entlang in den Topf.

Draußen erreicht Rosmarin oft Strauchgröße und blüht blassblau oder rosaviolett. Rosmarin soll eine entzündungshemmende und sogar blutzuckersenkende Wirkung haben. Manche Menschen sagen, dass Rosmarintee gegen Ängstlichkeit und Stress hilft. In der Blumensprache steht Rosmarin für Erinnerung – mit etwas Glück erinnert dich ein Topf mit Rosmarin auf deiner Fensterbank also daran, all deine anderen Pflanzen zu gießen.

ÜBRIGENS: Sobald deine Rosmarinpflanze groß genug ist, könntest du sie in eine alte Teedose pflanzen. So kannst du etwas, das du nicht benutzt, wiederverwenden – und obendrein sieht es auch noch toll aus.

Pflanzen für dein Wohlbefinden

In den letzten Jahren haben Zimmerpflanzen ein Comeback erlebt. Vielleicht, weil mehr und mehr Menschen ein Bewusstsein dafür entwickeln, wie beruhigend ein Stück Natur im Haus sein kann. Vielleicht aber auch, weil ein bisschen Grün das Zimmer auf Instagram gleich viel ästhetischer aussehen lässt. Der Grund ist eigentlich egal – wir wissen alle, dass wir uns in einem Raum mit vielen Pflanzen wohler fühlen als in einem ohne. Im Nachfolgenden findest du drei günstige (oder sogar kostenlose) Zimmerpflanzen, die geringe Standort- und Pflegeansprüche haben und ganz nebenbei noch einige weitere Vorteile bieten.

Efeu

SCHWIERIGKEIT	ZEIT	LICHT	GIESSEN
Einfach	Mittel	Mittel bis hell	Regelmäßig

Efeu wächst fast überall – und du kannst ihn ganz einfach zu dir nach Hause holen. Schneide dazu ein paar Stecklinge von einer Pflanze, die dir gefällt, entferne die unteren Blätter und stelle die Stiele in ein Glas Wasser. Nach kurzer Zeit werden sie Wurzeln bilden, und du kannst sie in einen Topf pflanzen. Efeu wächst auch in schattigeren Ecken und nimmt es dir nicht übel, wenn du mal das Gießen vergisst. Eine besonders gute Figur macht er, wenn er sich von hohen Bücherregalen oder aus einem Hängetopf herunterrankt. Einigen Studien zufolge kann Efeu den Schadstoff Formaldehyd aus der Luft filtern. Auch gegen Schimmelsporen soll er wirken. Und im antiken Europa glaubte man, dass Efeu böse Geister vertreibt – wer weiß, vielleicht kommt dir das irgendwann zugute.

Bogenhanf

SCHWIERIGKEIT	ZEIT	LICHT	GIESSEN
Einfach	Mittel	Mittel bis wenig	Wenn trocken

Während Efeu sich ganz romantisch um alles rankt, was er findet, reckt sich Bogenhanf schnurgerade in die Höhe. Er kann bis zu zwei Meter hoch werden – häufiger sind in der Topfkultur aber maximal 90 cm hohe Pflanzen. Bogenhanf kommt auch mit wenig Licht aus und muss im Winter nur alle paar Monate gegossen werden. Falls die Pflanze zu groß für ihren Topf wird, kannst du ihren Wurzelstock teilen und die neu gewonnene Hälfte in einen anderen Topf pflanzen. Bogenhanf gehört zu den wenigen Pflanzen, die nachts Sauerstoff abgeben, und in Studien hat er Schadstoffe wie Benzol und Formaldehyd aus der Luft gefiltert. (Allerdings sollten Hunde und Katzen nicht an ihm knabbern, da er für sie leicht giftig sein kann.)

Schwertfarn

SCHWIERIGKEIT	ZEIT	LICHT	GIESSEN
Einfach	Mittel	Wenig bis mittel	Wenn trocken

Zu Queen Victorias Zeiten war man auf den britischen Inseln dem Schwertfarn sehr zugetan. Vielleicht liegt das daran, dass dieser Wust an üppigen Blättern etwas Beruhigendes an sich hat, was besonders nützlich sein kann, wenn das Korsett mal zu eng geschnürt wurde. Wie andere Farne auch ist Schwertfarn in feuchten Klimata zu Hause. Er absorbiert Luftfeuchtigkeit, weshalb er sich besonders fürs Badezimmer eignet. Während andere Pflanzen bei diesen schummrigen, nebligen Bedingungen eingehen würden, machen sie ihm nichts aus. Außerdem belegt der Schwertfarn in Studien über Pflanzen, die Schadstoffe aus der Luft filtern können, oft einen der vorderen Plätze.

Kerbel

SCHWIERIGKEIT	ZEIT	LICHT	GIESSEN
Relativ einfach	Mittel	Mittel bis wenig	Regelmäßig

Kerbel ist mit der robusteren und alltäglicheren Petersilie (s. S. 91) verwandt, wird aber oft übersehen, weil er ihr eleganter, zarter Cousin ist. Dabei bilden beide gemeinsam mit Estragon und Schnittlauch (s. S. 65) die klassische französische Kräutermischung Fines Herbes.

Kerbel säst du am besten direkt in den Topf aus, in dem er wachsen soll, denn er wird nicht gerne umgepflanzt. Wenn du darauf achtest, dass die Erde feucht, aber nicht nass bleibt, sollte es maximal acht Wochen dauern, bis du ihn ernten kannst. Bis dahin kannst du die Sämlinge ausdünnen, damit im Topf kein zu großes Gedränge herrscht – die aussortierten Sämlinge kannst du schon zum Kochen verwenden. Kerbel hat kein Problem mit weniger hellen Standorten, du kannst ihn also getrost etwas weiter weg vom Küchenfenster hinstellen.

Wie auch Koriander (s. S. 124) ist Kerbel keine sonderlich langlebige Pflanze. Und zu heiß mag er es auch nicht, also lass nicht den Kopf hängen, falls dein Kerbel nach ein paar Monaten seine Köpfe hängen lässt. Erfreu dich an ihm, solange er in voller Pracht steht und genieß ihn zu Fisch, Zucchini, in Butter angebratenen Pilzen oder Rührei.

ÜBRIGENS: Kerbel verliert beim Erhitzen sein Aroma. Streu ihn also nur über fertige Gerichte.

Zitronengras

SCHWIERIGKEIT	ZEIT	LICHT	GIESSEN
Relativ einfach	Mittel	Mittel bis hell	Regelmäßig

Bei diesem köstlichen, duftenden Kraut, das normalerweise in Asien und Afrika wächst, handelt es sich tatsächlich um eine Grasart. Hierzulande wird es oft in traurigen Plastikverpackungen zu stolzen Preisen angeboten. Aber wenn du einen asiatischen Supermarkt bei dir in der Nähe hast, kannst du mit etwas Glück ein Bund finden, dessen Wurzelenden noch einigermaßen intakt sind. Und daraus kannst du überraschend einfach dein eigenes Zitronengras ziehen.

Entferne alle äußeren Blätter, die nicht mehr den frischesten Eindruck machen, und leg die Knolle unten frei. Hack den oberen Teil ab, sodass ungefähr 8 cm über den Wurzeln stehen bleiben. Stell dieses Stück in ein Glas, das du zu ein paar Zentimetern mit Wasser füllst. An einem hellen, aber nicht vollsonnigen Ort sollte das Zitronengras innerhalb kurzer Zeit Wurzeln bilden.

Steck deine Jungpflanzen in einem Abstand von einigen Zentimetern in feuchte Blumenerde. Du kannst sie zuerst in einen kleinen Topf pflanzen, um zu schauen, wie sie sich machen, aber sobald sie größer werden und du die Wurzeln durch die unteren Löcher des Topfes sehen kannst, solltest du ihnen ein größeres Zuhause gönnen. Draußen kann Zitronengras sogar bis zu 1,5 m hoch werden. Sobald deine Pflanzen groß genug sind, kannst du ganze Stiele ernten. Schneide sie dazu knapp über der Erde ab. Du kannst aber auch die Blätter beschneiden und sie beim Kochen oder für einen erfrischenden Tee verwenden.

ÜBRIGENS: Aus Zitronengras lässt sich ein köstlicher Sirup für Cocktails kochen. Erhitze dazu 200 g Zucker und 250 ml Wasser in einem Topf. Rühre, bis der Zucker sich aufgelöst hat. Füge einen Esslöffel gehacktes Zitronengras hinzu und lass die Mischung ein paar Stunden lang ziehen, bevor du das Zitronengras wieder entfernst. Passt gut zu Wodka oder weißem Rum mit Sodawasser.

Oregano

SCHWIERIGKEIT	ZEIT	LICHT	GIESSEN
Relativ einfach	Mittel	Hell	Wenn trocken

Oregano sieht ein bisschen aus wie eine Kreuzung aus Basilikum (s. S. 121) und Thymian (s. S. 118) und schmeckt auch so. Oft wird er zugunsten des größeren und beliebteren Basilikums aus tomatenbasierten Gerichten rausgekürzt. Aber du solltest Oregano nicht unterschätzen! Aus der griechischen und mexikanischen Küche ist er nicht wegzudenken, und er kann sich geschmacklich sehr gut neben anderen starken Aromen wie scharfem Chili und saurem Feta behaupten. Oregano stammt ursprünglich aus dem Mittelmeerraum, ist also eine robuste und resiliente Pflanze, die es gern warm und trocken mag.

Oregano lässt sich leicht im Haus ziehen, und du kannst ihn schon ab dem Spätwinter aussäen. Streu dazu ein paar Samen in eine Schale mit feuchter Erde und bedecke sie mit selbiger. Eine durchsichtige Plastiktüte oder -folie darüber sorgt dafür, dass die Samen es wärmer haben und schneller keimen. Gut gewachsene Sämlinge kannst du in größere Töpfe pflanzen – weniger gut gewachsene Sämlinge kannst du waschen und für dein Abendessen verwenden.

Wie auch andere Mittelmeerpflanzen wird Oregano lieber in geringen Mengen und dafür öfter gegossen. Wenn er es zu feucht hat, faulen die Wurzeln. Ein regelmäßiges Abknipsen von Zweigen sichert eine gute, ordentliche Wuchsform deiner Pflanze. Schneide deinen Oregano großzügig zurück, nachdem er verblüht ist. Bei Zimmerkultur sollte dein Oregano den Winter überstehen. Entferne einfach jegliche toten Zweige an der Basis der Pflanze.

Petersilie

SCHWIERIGKEIT	ZEIT	LICHT	GIESSEN
Relativ einfach	Mittel	Mittel	Regelmäßig

Natürlich schmecken alle Kräuter besser, wenn man sie aus dem heimischen Fensterbankgarten holt, aber insbesondere frische Petersilie ist einfach nicht mit ein paar generisch schmeckenden getrockneten Flocken aus einem Gewürzstreuer vergleichbar. Es gibt zwei Sorten von Petersilie: krause, mit entsprechend geformten Blättern, und glatte, die ein stärkeres Aroma hat.

In fast jedem Supermarkt findet man Töpfe mit Petersilienpflanzen für das kräuternahe Kochen zu Hause. Wie auch bei Basilikum kannst du diese Pflanzen teilen und zurückschneiden, und schon hast du mit etwas Glück anschließend zwei neue grüne Mitbewohner. Oder falls du ein paar Zweige Petersilie gekauft hast, kannst du auch versuchen, sie zum Bewurzeln in ein Glas Wasser zu stellen – die Frage ist nur, ob Wurzeln sprießen, bevor die Blätter zu welken anfangen.

Du kannst Petersilie auch in eine Schale mit Erde aussäen und diese an einen hellen Ort stellen. Steck die Samen etwa 1 cm tief und mit 4–5 cm Abstand in die Erde. Petersilie hat eine längere Keimzeit als andere Kräuter, also keine Sorge, falls es etwas länger dauern sollte. Andererseits glaubte man im Mittelalter, dass Petersilie so lange zum Keimen braucht, weil sie zuerst siebenmal in die Hölle und zurück reisen muss. Vielleicht sind also ein paar Sorgen nicht komplett unangebracht.

ÜBRIGENS: Alte Milchkartons, die du oben aufschneidest, können als Zuhause für deine Petersilie ein echter Blickfang sein. Du solltest lediglich zuerst ein bisschen Kies einfüllen, um eine gute Drainage sicherzustellen. Füll den Karton dann bis 4 cm unter den Rand mit Erde und säe deine Petersilie ein.

Salbei

SCHWIERIGKEIT	ZEIT	LICHT	GIESSEN
Relativ einfach	Mittel, etwas Geduld erforderlich	Hell	Wenn trocken

Mit seinen silbrig schimmernden ovalen Blättern hat der Echte Salbei allein aus dekorativen Gründen einen Platz in deinem Garten auf der Fensterbank verdient – aber abgesehen vom Augen- ist er mit seinem angenehmen, leicht krautigen Geschmack auch ein Gaumenschmaus. Füge einfach ein paar Blätter zu Kartoffel- oder Hühnchengerichten hinzu, um ihnen das gewisse Etwas zu verleihen. Auch in herbstlichen Kürbisgerichten macht er sich hervorragend. Salbei soll außerdem sehr gesund sein. Wie auch Rosmarin (s. S. 71) enthält er Rosmarinsäure, ein Antioxidans, das in Studien entzündungslindernde Wirkungen gezeigt hat.

Um Salbei aus einem Steckling zu ziehen, sollte dieser mindestens 10 cm lang sein. Entferne auf der unteren Hälfte die Blätter und steck ihn dann in einen kleinen Topf mit durchfeuchteter Erde. Falls die unteren Blätter sich nach einigen Wochen gelb färben, ist das nicht weiter schlimm – schneid sie einfach ab. Das kann ein Zeichen dafür sein, dass sich Wurzeln bilden.

Salbei nimmt dir weder mangelnde Erfahrung noch Vergesslichkeit übel. Sobald er groß genug ist, kann eine beinah vertrocknete Pflanze mit einer großzügigen Wasserzufuhr wieder zum Leben erweckt werden. Alles, was Salbei für sein Glück braucht, ist ein sonniges Plätzchen. Du solltest allerdings mit deiner Ernte warten, bis dein Salbei genug gewachsen ist.

Manche Menschen glauben, dass man mit einem brennenden Kräuterbündel einen Ort von seinen negativen Energien reinigen kann. Denk aber daran, vorher den Rauchmelder abzuschalten.

ÜBRIGENS: Salbeitee soll bei einem verstimmten Magen und Halsschmerzen helfen. Gib dazu ein paar Salbeiblätter in eine Tasse und reibe etwas Zitronenschale darüber ab. Übergieße das Ganze mit kochendem Wasser, decke die Tasse mit einem Deckel oder einer Untertasse ab und lass den Tee etwa 20 Minuten lang ziehen. Rühre dann etwas Honig ein und wärme den Tee entweder noch mal auf oder trinke ihn eisgekühlt.

Chili

SCHWIERIGKEIT	ZEIT	LICHT	GIESSEN
Einfach	Mittel	Sonnig	Wenn trocken

Chili ist quasi die ideale Zimmerpflanze. Sie braucht nicht viel Platz, ist mit einer Fensterbank vollends zufrieden, und die bunten Früchte machen schon beim Ansehen gute Laune. Außerdem brauchst du nur ein oder zwei Früchte pro Gericht, um deinem Essen etwas Feuer zu verleihen.

Es gibt hunderte Chilisorten, von ich-glaub-ich-explodier-gleich-scharf bis ist-das-überhaupt-eine-Chili-mild. Am besten ziehst du sie aus Samen und recherchierst vorher, welche Sorte zu deinen Bedürfnissen passt. Die beliebte Sorte 'Demon Red' ist beispielsweise kompakt, eignet sich für die Zucht auf Fensterbänken und beschenkt dich mit niedlichen roten Chilis, die es in sich haben. Die kleinen Chilis der 'NuMex Twilight' bestechen beim Reifen mit einem Farbspiel von Lila zu Gelb zu Orange zu Rot.

Der Spätwinter ist ein guter Zeitpunkt, um Chili auszusäen. Befolge die Anweisungen auf deinem Samentütchen und bastel dir dein eigenes Zimmergewächshaus, indem du dein Gefäß in eine durchsichtige Plastiktüte stellst, bis sich die ersten Triebe zeigen. Sobald deine Sämlinge groß genug sind, kannst du sie in ihre eigenen Töpfe (oder Papiertöpfchen, s. S. 22) umpflanzen. Falls du danach in einem Meer aus Jungpflanzen schwimmen solltest: Eine Chilipflanze gibt ein hervorragendes Geschenk ab.

Herabhängende gelbe Blätter sind in der Regel ein Zeichen dafür, dass du es beim Gießen ein bisschen zu gut gemeint hast. Manche Chili-Profis empfehlen, Chili-Pflanzen hin und wieder großzügig zu wässern und die Erde vor dem nächsten Gießen komplett durchtrocknen zu lassen.

ÜBRIGENS: Die Schärfe von Chilis misst man in Scoville-Grad. Die schärfsten Chilis der Welt erreichen Werte von über 500.000, was bedeutet, dass man sie mindestens 300.000-fach verdünnen müsste, bevor ihre Schärfe nicht mehr zu schmecken wäre. Aua!

Kaffirlimette

SCHWIERIGKEIT	ZEIT	LICHT	GIESSEN
Einfach	Für Geduldige	Sonnig	Regelmäßig

Die Blätter der Kaffir- oder Kaffernlimette – auf Thai *bai ma gruut* – gehören zu den wichtigsten Zutaten der thailändischen, indonesischen und kambodschanischen Küche. Aber wie auch beim Zitronengras (s. S. 85) ist in vielen Ländern schon ein Päckchen mit ein paar wenigen Blättern erstens recht teuer und zweitens manchmal schwer zu finden. Eine mögliche Abhilfe schafft der Kauf einer ganzen Pflanze, entweder in einem Laden vor Ort oder im Internet.

Ein Kaffirlimettenbaum ist eine großartige Zimmerpflanze, auch wenn er etwas Pflege bedarf. Er ist elegant, duftet und wuchert nicht so sehr, dass er irgendwann deine ganze Wohnung einnehmen würde. Mit etwas Glück produziert der Baum sogar lustige, knubblige Früchte, die du zum Kochen verwenden kannst. Aber auch wenn nicht: Seine einzigartigen Doppelblätter bieten ebenfalls ausreichend Aroma.

Wie alle Zitrusgewächse weiß auch die Kaffirlimette genau, was sie will, auch wenn sie bei ihren Ansprüchen etwas entspannter ist als die Zitrone (s. S. 151). Sie braucht mindestens eine gute Drainage sowie ein sonniges Plätzchen. Achte auf eine gelbe Verfärbung der Blätter, da dies ein Zeichen von zu viel Wasser und in der Folge von Wurzelfäule sein kann. Schneide den Baum gelegentlich zurück, damit er eine buschige Wuchsform beibehält.

Mach dich bereit für all die tollen Gerichte, die du dank dieser aromatischen Blätter aus eigenem Anbau nun kochen kannst.

Sukkulenten

SCHWIERIGKEIT	ZEIT	LICHT	GIESSEN
Sehr einfach	Schnell	Hell	Mit Sprühflasche

Sukkulenten speichern Wasser in ihren Blättern und können dadurch auch an widrigen, trockenen Orten überleben – wie diesem einen Bücherregal, das du bei deinem Gießrundgang gerne mal vergisst. Und weil es viele sehr interessant aussehende Varietäten gibt und sie in der Pflege recht einfach sind, erfreuen sich Sukkulenten als Zimmerpflanzen großer Beliebtheit.

Ein weiterer Vorteil von Sukkulenten liegt darin, dass sie sich ganz einfach vermehren lassen. Viele Sukkulentenarten lassen sich aus einem Blatt ziehen, das von der Mutterpflanze entweder abgeschnitten wurde oder abgefallen ist. Das Blatt sollte lediglich vollständig sein, also auch noch über einen eventuellen Stiel verfügen. Zieh am besten Handschuhe an und verwende eine Pinzette, um ein paar der gelegentlich stachligen Blätter zu sammeln, und lass sie auf einem Papiertuch trocknen, bis sie leicht schrumpeln. Leg sie dann einfach auf einen Topf mit Sukkulenten- oder Kakteenerde und besprüh sie mit Wasser, wenn du den Eindruck hast, dass sie austrocknen. Nach einigen Wochen sollten sich erste Anzeichen neuen Wachstums zeigen.

Sobald deine Pflanzen etwas größer sind, solltest du sie in ihren eigenen Topf pflanzen. Das Anzuchtblatt solltest du nun entfernen können. Sukkulenten haben sehr flache Wurzeln und wollen eher besprüht als gegossen werden – Drainage ist also nicht unbedingt vonnöten, und du kannst deiner Kreativität bei der Wahl des Gefäßes freien Lauf lassen. Du könntest zum Beispiel vorsichtig ein Loch in ein altes, ungeliebtes Buch schneiden und einen ausgespülten Joghurtbecher mit einer Sukkulente hineinstellen oder einen Magnet an einen kleinen Topf kleben und deinem Kühlschrank eine besondere Dekoration verschaffen.

ÜBRIGENS: Das Einzige, was Sukkulenten nicht ausstehen können, ist zu viel Wasser. Selbst zu viel Luftfeuchtigkeit tut ihnen nicht gut. Obwohl Sukkulenten in Terrarien eine gute Figur machen würden, ist das also nicht die beste Umgebung für sie – versuch es stattdessen mit Farnen.

Pflanzen mit besonderen Fähigkeiten

Manche Pflanzen sind nicht aufgrund ihres Aussehens oder ihrer Erntemöglichkeit lohnende Mitbewohner, sondern auch, weil sie etwas Besonderes können. Die folgenden drei Pflanzen bieten dir einen zusätzlichen Nutzen – und können ganz einfach bei dir zu Hause kultiviert werden.

Lavendel

SCHWIERIGKEIT	ZEIT	LICHT	GIESSEN
Mittel	Mittel	Hell bis sonnig	Bei Bedarf

Falls es in deinem Schlafzimmer eine helle und sonnige Fensterbank gibt, wäre das der perfekte Ort für eine Lavendelpflanze. Lavendel mit seinen blauen bis violetten Blüten und seinem unverwechselbaren Duft ist ein Urgestein der Aromatherapie und kann eine beruhigende und schlaffördernde Wirkung haben. Und natürlich kannst du es deinen Großeltern gleichtun und ein paar getrocknete Lavendelzweige in einen kleinen Beutel füllen, den du in deinen Kleiderschrank oder deine Kommode legst, um hungrige Motten fernzuhalten – Mücken sind übrigens auch keine Fans von Lavendelduft.

Es gibt viele verschiedene Lavendelsorten. Da deine Pflanze drinnen stehen soll, solltest du dich für eine Sorte entscheiden, die eher klein ist und nichts dagegen hat, in einem Topf zu wachsen. Schau dich in deinem örtlichen Pflanzenmarkt um oder schneide dir einen Steckling von einer bereits existierenden Pflanze. Lavendel lässt sich auch aus Samen ziehen, das kann aber, vor allem drinnen, Jahre dauern – so lange willst du vermutlich nicht warten.

Ein Steckling sollte grün und noch nicht verholzt und etwa 8–10 cm lang sein und idealerweise noch nicht geblüht haben. Halte nach einem kleinen Knubbel an dem Zweig Ausschau (einem Blattknoten), und durchtrenne den Zweig direkt darunter. Entferne wie bei Salbei (s. S. 94) die untersten Blätter und steck deinen Zweig in einen Topf mit durchfeuchteter Erde. Drück ihn gut fest. Du kannst ruhig mehrere Stecklinge in einen Topf setzen. Decke den Topf etwa vier Wochen lang mit einer durchsichtigen Plastiktüte ab, um den Stecklingen vorzugaukeln, sie wären in einem gemütlichen Gewächshaus. Neues Wachstum zeigt dir an, dass sich Wurzeln gebildet haben. Anschließend kannst du deine Stecklinge in ihre jeweils eigenen Töpfe umpflanzen.

Kamille

SCHWIERIGKEIT	ZEIT	LICHT	GIESSEN
Mittel	Mittel	Hell	Regelmäßig

Wenn du Mitte Frühling Kamillensamen aussäst und den Topf an einen sonnigen Ort stellst, hast du nach zwei bis drei Monaten hübsche, gänseblümchenähnliche Blumen, die du für eine beruhigende Tasse Kamillentee ernten kannst.

Römische Kamille ist die häufigste blühende Sorte. Du kannst deine Samen in eine Anzuchtschale aussäen oder sie in dem Topf, in dem die Pflanze später wachsen soll, auf die Erde streuen. Gieße die Erde vorher und bedecke die Samen nur ganz leicht mit Erde, da sie es nicht komplett dunkel haben wollen. Besprüh diese Deckschicht dann noch mit etwas Wasser.

Kamille neigt manchmal zu einem etwas langen, dürren Wuchs. Damit deine Pflanze buschig und hübsch bleibt, schneid sie auch dann zurück, wenn du gerade keine Blüten ernten willst.

Sowohl die Blätter als auch die Blüten der Kamille sind essbar, obwohl sie manchen Menschen zu bitter sind.

Wenn du Tee aus den Blüten kochen möchtest, sammle die Blütenköpfe, wenn die Blütenblätter flach sind. Breite die Blüten auf einem Tablett aus und achte darauf, dass sie nicht übereinander liegen. Lass sie 1–2 Wochen an einem dunklen, warmen Ort trocknen. Für eine Tasse Tee reicht ein Teelöffel getrockneter Kamillenblüten. Gib sie in ein Teesieb und übergieße sie mit kochendem Wasser. Lass den Tee etwa 5 Minuten lang ziehen, bevor du ihn trinkst. Und, fühlst du dich schon entspannt?

Aloe Vera

SCHWIERIGKEIT	ZEIT	LICHT	GIESSEN
Mittel	Mittel	Hell	Gelegentlich

Aloe Vera ist eine überaus beeindruckende Pflanze, die sich eigentlich ein Plätzchen in jeder Wohnung verdient hat. Die langen, spitzen Blätter sind nicht nur ein toller Blickfang – auch das Gel in ihrem Inneren hat besonders auf die Haut positive Auswirkungen. Es ist entzündungshemmend und wird schon seit tausenden von Jahren als Mittel bei Verletzungen und Verbrennungen verwendet. Außerdem wirkt es sanft und dennoch effektiv gegen Akne und Schuppen. Manche Menschen fügen ihren Getränken und Smoothies auch Aloe-Saft hinzu, um ihrem Verdauungstrakt etwas Gutes zu tun.

Aloe Vera ist eine Sukkulente; falls du dementsprechende Spezialerde hast, freut sie sich sicher darüber. Falls nicht, kannst du auch einfach Blumenerde und Sand in einem Verhältnis von 1:1 mischen. Falls deine Aloe-Pflanze in einem Plastiktöpfchen sitzt, könnte es eine gute Idee sein, sie in einen Terrakottatopf umzupflanzen, da sie das poröse Material mag. Als Wüstenpflanze fühlt sie sich mit nassen Wurzeln nicht so wohl, also achte darauf, sie nicht übermäßig zu gießen.

Aloe Vera lässt sich nur schwer über Stecklinge vermehren, aber zufriedene Exemplare produzieren oft Ableger in Form von Kindeln. Um diese von der Mutterpflanze zu trennen, nimm die gesamte Pflanze vorsichtig aus ihrem Topf heraus, zieh das Wurzelsystem des Kindels sanft ab und pflanze es in einen eigenen Topf.

Um ein Aloe-Blatt zu ernten, schneide es so weit unten wie möglich mit einem sterilen Messer ab (denn auch Pflanzen sind vor Infektionen nicht gefeit). Lass das gelbliche Harz ablaufen oder entferne es – dabei handelt es sich um Aloin. Es hat eine stark abführende Wirkung, also bloß nicht essen! Schneide dann das Blatt in der Mitte durch und drück das Gel heraus oder schäle das Blatt mit einem Sparschäler. In einem Glas im Kühlschrank hält sich das Gel ein paar Tage lang. Gibt es ein herrlicheres Gefühl als gekühltes Aloe-Vera-Gel auf einem Sonnenbrand?

ÜBRIGENS: Für eine feuchtigkeitsspendende Creme, die sich besonders nach einem langen Tag gut anfühlt, kannst du Aloe Vera und Kokosnussöl mischen. Wenn du noch ein bisschen Honig dazugibst, entsteht eine süße und feuchtigkeitsspendende Gesichtsmaske.

Thymian

SCHWIERIGKEIT	ZEIT	LICHT	GIESSEN
Mittel	Mittel	Hell	Wenn trocken

Dieses Kraut gehört zur selben Familie wie Minze und ist wegen seines einzigartigen Aromas fester Bestandteil von Landesküchen von Frankreich bis Jamaika. Thymian hat einen kräftigen, herzhaften Geschmack (macht sich aber auch gut in Keksen und Eiscreme), sodass schon wenige Zweige eine große Wirkung haben – die perfekte Erweiterung deines Fensterkräutergartens. Außerdem kann er dabei helfen, Insekten von deinem Zuhause fernzuhalten.

Thymian ist ein nüchterner Mitbewohner, der es dir verzeiht, wenn du das Gießen mal vergisst. Er mag es sogar, ein bisschen auszutrocknen, bevor er die nächste Dusche bekommt. Thymian braucht viel Licht, aber nicht unbedingt direktes Sonnenlicht. Ein Plätzchen auf deiner Küchenarbeitsfläche sollte also ausreichen. Und keine Sorge, falls er blüht: Das hat keinen Einfluss auf den Geschmack, und die Blüten sind eine tolle Deko für Cocktails. Sortentechnisch hast du die Qual der Wahl – wie wäre es mit Zitronenthymian, Korsischem Thymian oder dem optisch äußerst ansprechenden *Thymus variegata*?

Thymian lässt sich leicht aus Samen ziehen, auch wenn die Keimzeit etwas länger sein kann. Für Stecklinge schneidest du möglichst wurzelnah ein paar Zweige ab und entfernst die unteren Blätter. Entferne außerdem alle eventuellen Blüten. Fülle einen Topf mit Erde und mach mit einem Stift oder einem Essstäbchen ein paar Löcher, in die du die Zweige steckst. Je nach Topfgröße kannst du drei oder mehr Stecklinge unterbringen. Drück die Erde fest und gieße sie sanft. Falls es bei dir zu Hause nicht sonderlich warm ist, kannst du die untere Hälfte einer großen Getränkeflasche abschneiden und sie als Gewächshaus-Ersatz über die Stecklinge stülpen. Innerhalb von etwa vier Wochen sollte sich erster Neuwuchs zeigen.

Basilikum

SCHWIERIGKEIT	ZEIT	LICHT	GIESSEN
Mittel	Mittel	Hell	Regelmäßig

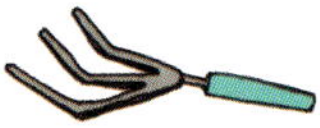

Basilikum gehört zur Grundausstattung eines jeden Kräutergartens, riecht fantastisch, sieht schön aus und kann beim Kochen vielseitig eingesetzt werden – es gibt also keinen Grund, sich nicht ein bis zwei buschige Basilikumpflanzen auf die Fensterbank zu stellen.

Du kannst Basilikum aus Samen ziehen, aber falls der Sommer, hausgemachte Pizza und Pastasoßen schon vor der Tür stehen, könnte das zeitlich etwas knapp werden (außerdem keimt Basilikum lieber draußen). Stattdessen kannst du versuchen, gekaufte Basilikumzweige als Stecklinge zu benutzen. Oder dir für wenig Geld gleich einen Basilikum-Kräutertopf aus dem Supermarkt mitnehmen. Normalerweise sind diese Töpfe allerdings zu überfüllt, als dass die Pflanze lange überleben könnte, also nimm sie und die Erde vorsichtig aus dem Topf und teile sie in zwei bis drei Teile, die du in jeweils eigene Töpfe pflanzt. Lass sie ein wenig in Ruhe, damit sie sich von diesem Schock erholen kann, bevor du große Ernteaktionen anstrebst.

Damit Basilikum glücklich ist, braucht es ein paar Dinge. Es handelt sich um eine einjährige Pflanze, und ideal sind sechs oder mehr Stunden Sonne pro Tag – eine Überwinterung in nördlichen Breiten könnte also schwierig werden. Allerdings trocknen die Blätter bei zu viel und zu starkem direkten Sonnenlicht aus, vielleicht musst du also mehrere Standorte ausprobieren, bevor du den richtigen gefunden hast. Um Basilikum zu ernten, pflücke die obersten Blätter von der Pflanze. Das fördert ein buschiges, blattreiches Wachstum und verhindert, dass dein Exemplar einfach nur in die Höhe schießt. Du solltest außerdem darauf achten, dass dein Basilikum nicht blüht, denn das verändert den Geschmack der Blätter.

Koriander

SCHWIERIGKEIT	ZEIT	LICHT	GIESSEN
Mittel	Mittel	Hell	Wenn trocken

Koriander ist aus der asiatischen, süd- und mittelamerikanischen Küche nicht wegzudenken. Und obwohl er eine kleine Diva sein kann, lässt er sich auch drinnen kultivieren. Am besten gelingt das per Aussaat, denn oft sind die Blätter von Stecklingen schon verwelkt, bevor sich Wurzeln bilden können. Koriander wird nicht gerne umgepflanzt, also säe ihn in Papiertöpfchen oder Eierschalen (s. S. 22), sodass du ihn mitsamt dem Saatgefäß in sein endgültiges Zuhause geben kannst. Außerdem braucht Koriander eine gute Drainage, alle paar Wochen etwas Dünger und Wassernachschub, sobald die Erde trocken ist – aber bloß nicht vorher. Und wenn es ihm zu heiß wird, verliert er die Nerven und bildet ratzfatz Samen, was sein Aroma beeinflusst.

Sobald deine Pflanze sich etabliert hat, entferne hin und wieder die oberen Zentimeter einiger Stiele, um eine buschige Wuchsform anzuregen. Wenn der Koriander groß genug ist, kannst du ganze Stiele ernten, indem du sie so weit unten wie möglich abschneidest.

Auch bei bester Pflege ist die Lebenszeit von Korianderpflanzen oft stark begrenzt – du wirst sie auf keinen Fall deinen Enkeln vermachen können. Wenn du also bei Burritos oder Curry nicht auf Koriander verzichten willst, solltest du eine gestaffelte Aussaat in Betracht ziehen, damit du stets eine neue Pflanze zur Hand hast, wenn die alte sich auf den Weg in den Pflanzenhimmel macht.

ÜBRIGENS: Besonders hübsch sieht Koriander aus, wenn er in einem alten Küchensieb wächst. Die Löcher sorgen für eine ideale Drainage, und zum Gießen kannst du das Sieb einfach in eine Schüssel stellen – oder es durchgehend dort lassen, falls du eine Schüssel als Blumentopf verwenden, aber keine Löcher hineinbohren willst.

Fenchel

SCHWIERIGKEIT	ZEIT	LICHT	GIESSEN
Mittel	Mittel	Hell	Regelmäßig

Wie auch Dill und Koriander (s. S. 124) ist Fenchel ein Kraut, das die Menschheit spaltet. Er hat ein leichtes Anis-Aroma, das oft mit Fisch kombiniert wird. (Auch wenn es manchen Menschen lieber wäre, er würde mit gar nichts kombiniert.) Fenchel gehört zur selben Familie wie Möhren; die Ähnlichkeit bei den zarten, federartigen Blättern kommt also nicht von ungefähr. Schon seit Langem wird Fenchel zur Verdauungsförderung eingesetzt – brüh dir also nächstes Mal einfach eine Tasse Fencheltee auf, wenn du zu sehr zugelangt hast.

Gewürzfenchel wird vor allem wegen seiner Blätter, Blüten und Samen angebaut. Säe ihn in eine Anzuchtschale aus, dünne die Sämlinge aus und pflanze sie dann in ihren eigenen Topf. Oder du verwendest für die Aussaat Papiertöpfchen (s. S. 22), die du dann mitsamt Sämling in einen neuen Topf pflanzt, sobald die Pflanze groß genug ist. Der Vorteil an dieser Methode ist, dass du die Wurzeln nicht störst, was dir der Fenchel sehr danken wird. Fenchel braucht einen eher hohen Topf, denn im Vergleich zu vielen anderen Kräutern sind seine Wurzeln recht lang, und er kann bis zu 30 cm hoch werden.

Gemüsefenchel hingegen bildet eine Knolle aus, die oft gebraten oder gebacken gegessen wird. Die Pflanze zur Ausbildung einer Knolle zu bringen, kann drinnen etwas schwierig sein, aber auch die Blätter des Gemüsefenchels sind den Anbau wert. Und ein einfacher gekaufter Fenchel kann dir zu diesen Aromaspendern verhelfen. Schneide dazu die Knolle etwa 3–4 cm über dem Wurzelansatz mittig durch. Stell den Fenchel mit dem Wurzelansatz nach unten in eine flache Schale mit Wasser. Innerhalb etwa einer Woche sollten erste Triebe zu sehen sein. Du kannst den Fenchel im Wasser stehen lassen oder ihn, sobald er genug Triebe gebildet hat, in einen Topf mit Blumenerde umpflanzen und immer eine Handvoll Blätter auf einmal ernten.

Avocado

SCHWIERIGKEIT	ZEIT	LICHT	GIESSEN
Mittel	Für Geduldige	Hell	Regelmäßig

Avocado ist die ultimative Gratis-Zimmerpflanze. Zugegebenermaßen wird eine drinnen kultivierte Avocadopflanze wahrscheinlich keine Früchte produzieren, aber die großen, ovalen, hellgrünen Blätter sehen hübsch aus, die Pflanze wächst relativ schnell, und du kannst dich darüber freuen, aus etwas, das du sonst weggeschmissen hättest, etwas Neues geschaffen zu haben.

Um den Kern zum Keimen zu bringen, empfiehlt sich die klassische Methode. Entferne dazu zuerst seine braune Schale. Such dir dann ein paar Zahnstocher oder Cocktailspieße, die du leicht nach unten zeigend in die Seiten des Kerns drückst, wobei das etwas spitzere Ende des Kerns nach oben zeigen sollte. Du kannst auch die zwei Hälften eines entzwei geschnittenen Korkens als Halterung verwenden. Balanciere den Kern dann auf einem mit Wasser gefüllten Glas, sodass die untere Seite des Kerns ins Wasser ragt. Behalte die Wasserhöhe gut im Auge, damit der Kern nicht auf dem Trockenen sitzt. Sobald sich eine gute Wurzel gebildet hat, kannst du den Kern in einen Blumentopf mit mindestens 30 cm Durchmesser pflanzen.

Sobald der Stamm eine Höhe von 15 cm erreicht hat, trimme ihn auf der Hälfte, und wenn er 30 cm groß ist, entferne die beiden neuesten Blattpaare. Avocadopflanzen neigen dazu, groß und dürr zu wachsen, du kannst also hin und wieder die obersten Blattpaare entfernen, damit deine Pflanze buschiger wächst. Avocados mögen es weder zu nass noch zu trocken. Im Sommer solltest du deine Pflanze alle paar Wochen düngen und sie häufiger gießen als während des restlichen Jahres.

Ingwer

SCHWIERIGKEIT	ZEIT	LICHT	GIESSEN
Mittel	Mittel	Mittel	Regelmäßig

Hand aufs Herz: Weißt du, wie eine Ingwerpflanze aussieht? Ingwer mag es zwar fast überall auf der Welt zu kaufen geben und aus vielen Landesküchen nicht wegzudenken sein, aber die wenigsten Menschen außerhalb von Asien würden wohl eine Ingwerpflanze als solche erkennen, wenn sie vor ihnen stehen würde.

Hier also die Auflösung: Eine Ingwerpflanze besteht aus eher langen, schlanken und eleganten Stielen, die in kleinen Grüppchen aus dem Rhizom wachsen. Das Rhizom wird oft für die Wurzel gehalten, dabei ist es eigentlich ein unterirdischer Stiel. Ingwerblätter sind lang, spitz, dunkelgrün und duften – wer hätte es gedacht? – nach Ingwer.

Aber lohnt es sich wirklich, Ingwer anzupflanzen, wenn man ihn doch überall günstig kaufen kann? Abgesehen davon, dass Ingwer eine interessante Zimmerpflanze abgibt, wächst er schnell und braucht weniger Licht als viele andere essbare Zimmerpflanzen. Und frisch geernteter Ingwer hat ein viel sanfteres, weniger scharfes und fast schon blumiges Aroma. Klein gehackt verfeinert er eine Vielzahl von Gerichten und Getränken. Und du kannst nicht nur die Knolle, sondern auch die Blätter verwenden.

Falls du das Experiment also wagen willst, such dir im Supermarkt ein eher großes Ingwerstück aus. Es sollte ein paar „Augen" haben, also weiße Punkte, aus denen später Wurzeln und neue Triebe wachsen. Lege es in einen mit Blumenerde gefüllten und mit guter Drainage versehenen flachen Topf mit großem Durchmesser, bedecke es mit etwa 2,5 cm Erde und gieße es ausgiebig. Ingwer ist eine tropische Pflanze und wächst normalerweise an warmen, feuchten Orten mit hohen Regenmengen. Sobald deine Pflanze fünf Monate alt ist, kannst du vorsichtig Teile des neu gewachsenen Rhizoms ernten. Falls du den Eindruck hast, dass deine Pflanze den Winter nicht überleben wird, kannst du sie auch komplett aus der Erde nehmen, das Rhizom verwenden und es im nächsten Frühling erneut versuchen.

Jasmin

SCHWIERIGKEIT	ZEIT	LICHT	GIESSEN
Mittel	Für Geduldige	Hell	Regelmäßig

Wenn Jasmin blüht, verströmen die winzigen rosafarbenen, weißen oder manchmal auch gelben Blüten einen kräftigen und leicht exotischen Duft, insbesondere während der Abendstunden. Lass dich von der zarten Optik aber nicht täuschen – diese immergrüne Kletterpflanze ist robuster, als sie aussieht. Und wenn du in deinem Zuhause den richtigen Ort für sie findest, wird sie dich mit ihrem Gedeihen belohnen.

Jasmin lässt sich über Stecklinge vermehren; das ist drinnen aber schwieriger und dauert etwas. Wenn du von duftendem Jasmin träumst, der sich durch deine Zimmer rankt, solltest du lieber in eine gekaufte Pflanze investieren. So kannst du auch direkt eine Sorte wählen, die zu deinen Vorstellungen passt. *Jasminum polyanthum* ist eine der häufigsten Sorten und wird oft von Profis empfohlen, da sie leicht zu pflegen ist, auch drinnen gut wächst und herrlich duftet. Winter-Jasmin *(Jasminum nudiflorum)* ist aufgrund seines geringeren Lichtbedarfs auch eine gute Wahl.

Idealerweise spendierst du deiner Jasminpflanze einen hellen und relativ sonnigen Standort. Falls du einen Wintergarten oder ein Erkerfenster hast: perfekt. Jasmin kommt auch mit weniger Licht zurecht, bildet dann aber nicht so viele Blüten aus. Achte darauf, ihn nicht zu nah an eine Heizung zu stellen. Wenn es ihm zu heiß wird, trocknet Jasmin schnell aus und blüht so gut wie gar nicht.

Wenn du aber eine gute Stelle gefunden hast, wird dein Jasmin den Sommer über wachsen und wachsen und wachsen. Du kannst ihn an einem kleinen Gerüst hoch- oder ihn aus einer Blumenampel runterranken lassen, solltest aber neuen Wuchs regelmäßig zurückschneiden, damit deine Pflanze nicht zu wild aussieht.

ÜBRIGENS: Du kannst fast jeden alten Korb in eine Blumenampel verwandeln, solange er das Gewicht einer Pflanze hält. Leg den Korb mit Plastikfolie aus, damit kein Gießwasser raustropft, und bedecke den Boden mit Kieseln oder stelle anderweitig eine Drainage sicher. Dann brauchst du nur noch etwas Schnur oder eine Kette an den Seiten zu befestigen und einen Haken an der Decke anzubringen, an den du den Korb hängen kannst.

Mangobaum

SCHWIERIGKEIT	ZEIT	LICHT	GIESSEN
Mittel	Für Geduldige	Hell	Wenn trocken

Wie auch bei der Avocado (s. S. 130) solltest du dir beim Mangobaum keine Hoffnungen auf eine reiche Ernte machen. Stattdessen kannst du dich an einer hübschen Zimmerpflanze erfreuen, die du kostenlos aus etwas gezogen hast, dass du sonst weggeworfen hättest.

Der Anfang ist nicht ganz ungefährlich. Wenn du den Mangostein von allen Fruchtfleischresten befreit hast, schnapp dir ein scharfes Messer und öffne den Stein, indem du an einer Seite ansetzt (an der „flauschigeren" Seite wird es sehr viel einfacher gehen). Achte darauf, den innen gelegenen Samen nicht zu beschädigen – und dich bitte auch nicht. Der Samen ist nierenförmig und oben etwas heller. Bereite einen Blumentopf mit durchfeuchteter Erde vor. Mach mit einem Finger ein etwa 2,5 cm tiefes Loch und drück den Samen hinein, sodass das hellere Ende nach oben zeigt. Bedecke ihn dann mit Erde. Wahrscheinlich wird es einige Wochen dauern, bis dein Samen keimt.

Da Mangos normalerweise in tropischen Regionen wachsen, bevorzugen sie einen warmen, feuchten Ort. Falls deine Wohnung zu den kühleren gehört, wird deine Pflanze nicht sehr glücklich sein. Zu viel Wasser mag sie übrigens auch nicht. Gieß sie erst, wenn sie erste Anzeichen des Austrocknens zeigt, und dann mit lauwarmem Wasser. Außerdem solltest du deinen Blumentopf regelmäßig drehen, da der Keimling wahrscheinlich in Richtung Licht wachsen wird.

Tomaten

SCHWIERIGKEIT	ZEIT	LICHT	GIESSEN
Mittel	Mittel	Sonnig	Oft

Gibt es etwas Besseres als eine selbst gezogene, sonnengereifte Tomate, frisch von der Pflanze gepflückt? Wenn du auch Basilikum anpflanzt (s. S. 121), hast du gleich alle Zutaten für einen Fensterbankgarten-Tomatensalat, und mit Knoblauchgrün (s. S. 50) eine köstliche Pastasoße.

Um Tomaten drinnen zu ziehen, solltest du einige Punkte beachten. Zuerst das Licht: Ohne genug Sonnenlicht bleiben Tomatenpflanzen klein und ihre Früchte unreif. Du solltest deine Pflanze also an den sonnigsten Platz in deiner Wohnung stellen.

Außerdem solltest du dich fragen, welche Sorte du pflanzen willst. Wenn du über beneidenswert viel Platz verfügst – und vielleicht sogar einen Wintergarten hast –, kannst du eine Stabtomate im Kübel ziehen. Ansonsten empfehlen sich eher buschig wachsende Tomaten. Sie sind kompakter, kleiner, hören irgendwann auf zu wachsen (meist werden sie nicht größer als 1 m), produzieren all ihre Früchte auf einmal und gehen ein, sobald diese reif sind. In der Fachsprache nennt man das „determiniert“ (Stabtomaten dagegen sind „indeterminiert“).

Du kannst deine Tomaten vom Spätwinter bis kurz vor Mitte des Sommers aussäen. Sie brauchen zwischen sechs und acht Wochen zum Keimen. Sobald deine Pflänzchen groß genug sind, kannst du sie von ihrer Anzuchtschale in eigene Töpfe umsetzen. Wenn du dich für eine determinierte Sorte entschieden hast, solltest du deine Aussaat staffeln, damit du nicht nach einer großen Ernte mit leeren Händen dastehst.

Dünge deine Tomaten einmal die Woche mit einem Tomatendünger. Halte dich dabei genau an die Packungsanweisungen. Achte darauf, dass deine Pflanzen nicht austrocknen und welken – sie werden gerne wenig, dafür aber öfter gegossen, und bevorzugen Wasser, das nicht eiskalt ist. Und obwohl Tomaten selbstbestäubende Pflanzen sind, solltest du während der Blüte die Fenster offen stehen lassen, damit der Blütenstaub im Raum zirkulieren kann.

Ananas

SCHWIERIGKEIT	ZEIT	LICHT	GIESSEN
Mittel-schwierig	Für Geduldige	Sonnig	Regelmäßig

Gleich vorweg, damit hier keine falschen Erwartungen geweckt werden: Es ist höchst unwahrscheinlich, dass du von einer bei dir zu Hause gezogenen Ananaspflanze jemals eine ausgewachsene, essbare Ananas ernten können wirst. Auch werden Ananaspflanzen recht groß; du brauchtest einen Kübel mit einem Durchmesser von etwa 1 m. Aber mit etwas Geduld kannst du aus dem abgeschnittenen oberen Ende einer gekauften Ananas (für das du ohnehin keine weitere Verwendung gehabt hättest) eine ziemlich coole, spitzblättrige Pflanze ziehen, aus der ein Stiel mit einer niedlichen Mini-Ananas wächst. Für eine besonders beeindruckende Optik kannst du auch noch andere spitzblättrige Pflanzen wie Aloe Vera (s. S. 114) ziehen. Aber auch allein – zum Beispiel als Ersatz für den altbackenen Blumenstrauß bei der Tischdeko – macht eine Pflanze, die eine echte Mini-Ananas produziert, einiges her.

Schneide zuerst den oberen Teil deiner Ananas mit einem scharfen Messer ab und dann vorsichtig so zurecht, dass nur der Mittelteil, der die Blätter mit der Frucht verbindet, übrig bleibt. Entferne die äußeren Blätter. Steck das Stück in einen Topf mit Erde und drück es so an, dass es schön aufrecht steht. Gieß das Ganze großzügig und stell es an einen warmen, sonnigen Ort. Wenn deine Pflanze irgendwann zu groß für ihren Topf wird, pflanz sie in einen größeren Topf um.

Wenn deine Pflanze einmal angegangen ist, dauert es trotzdem noch mindestens ein Jahr, bevor sie eine Blüte produziert. Und die braucht wiederum Zeit, bis sie sich dann irgendwann zu der heiß begehrten Mini-Ananas entwickelt – die Ananas ist eben eine entspannte Tropenpflanze. Dünge sie im Frühling und Sommer alle zwei Wochen mit Zimmerpflanzendünger, und achte darauf, dass sie im Winter nicht kühler steht als 10 °C.

Sobald deine Ananas eine Frucht produziert hat, sieht sie ihre Arbeit als erledigt an und stirbt. Mit etwas Glück produziert sie aber vorher ein paar Triebe oder Schösslinge am Ansatz. Diese kannst du abtrennen und in ihre eigenen Töpfe pflanzen.

Mandarinenbaum

SCHWIERIGKEIT	ZEIT	LICHT	GIESSEN
Schwierig	Für Geduldige	Sonnig	Regelmäßig

Wie auch Zitronenbäume (s. S. 151) haben Mandarinenbäume einige Ansprüche an ihre Umgebung, wenn du dich an einer glücklichen Pflanze erfreuen willst. Doch die Mühe lohnt sich, denn Mandarinen sind bildhübsche Zimmerpflanzen. Wenn du deine Pflanze aus einer Baumschule beziehst, ist sie schon auf einen kompakten und buschigen Wuchs erzogen – und vielleicht hängen auch schon ein paar Früchte an ihren Ästen.

Es kann sinnvoll sein, verschiedene Standorte in deiner Wohnung auszuprobieren, um den mit dem meisten Licht zu finden. Hin und wieder solltest du deinen Baum drehen, damit alle Blätter mal etwas Sonne abbekommen. Dein Baum wird dir einen relativ großen Topf danken, und du solltest auf eine gute Drainage achten, denn wenn die Erde um die Wurzeln zu lange feucht bleibt, fangen diese an, zu faulen. Echte Profis fügen etwas Sand zur Blumenerde hinzu. Du solltest deinen Baum im Frühling und Sommer düngen, damit er alle Nährstoffe hat, die er für die Produktion von Früchten braucht.

Mandarinenbäume blühen im Winter und bilden anschließend Früchte aus, die einige Monate brauchen, bis sie reif sind. Wundere dich nicht, falls deine Mandarinen winzig sind – niedlich sehen sie allemal aus, und etwas Schalenabrieb macht sich toll zu Fischgerichten oder in Salatdressings. Alternativ könntest du deine Mandarinen auch in einem warmen Ofen trocknen und als festliche Deko benutzen.

Zitronenbaum

SCHWIERIGKEIT	ZEIT	LICHT	GIESSEN
Schwierig	Für Geduldige	Sonnig	Regelmäßig

Zitronenbäume sind empfindliche, anspruchsvolle Mitbewohner. Sie wissen genau, was sie wollen, und werden einiges von deiner Aufmerksamkeit in Anspruch nehmen – aber mit ihren glänzenden, eleganten Blättern und ihrem fantastischen, einzigartigen Duft werden sie dich für deine Mühen belohnen.

Als Erstes solltest du bedenken, dass Zitruspflanzen eine Menge Sonnenlicht brauchen. Ein sonniger Standort ist das A und O. Die direkte Nähe zu einem Heizkörper empfiehlt sich allerdings nicht – du solltest also bei der Standortwahl sowohl die Bedingungen im Sommer als auch im Winter beachten. Im Sommer brauchen Zitruspflanzen mehr Wasser als im Winter und eine regelmäßige Düngung. Außerdem freuen sie sich, hin und wieder sehr vorsichtig zurückgeschnitten zu werden. Wenn das jetzt nach viel Arbeit klingt: Ist es. Aber ist ein voll in der Blüte stehender Zitronenbaum im eigenen Zuhause das nicht wert?

Die meisten Menschen bevorzugen Zwergsorten für die Indoor-Kultur. Diese entstehen, wenn ein normaler Baum auf einen kleineren Wurzelstock gepfropft wird, mit dem Zweck, dass er nicht so groß wird, dafür aber verhältnismäßig viele Früchte produziert (ein gutes Beispiel hierfür ist die Meyer-Zitrone). Falls dein Zitronenbaum einfach keine Früchte ausbilden will: Auch kein Problem. Es gibt ein traditionelles sizilianisches Gericht, bei dem gekochte Fleischbällchen in duftende Zitronenblätter eingewickelt werden. Dieselbe Verfahrensweise eignet sich auch für Fisch. Durch ihre ätherischen Öle sind die Blätter auch tolle Zugaben zu Blumenarrangements, Kränzen und selbstgegossenen Kerzen.

Outdoor-Fensterbankgarten

Auch wenn dein Außenbereich nur fußmattengroß ist, kannst du ihn mit etwas Kreativität in ein Zuhause für deinen immer weiter wachsenden Garten verwandeln. Egal, ob es sich um einen Treppenaufgang, eine kleine Gasse, einen französischen Balkon oder einen Zaun handelt – mit etwas Sonnenlicht und guten Ideen lassen sich eine Reihe weiterer köstlicher Zutaten ziehen.

Echinacea / Sonnenhut

SCHWIERIGKEIT	ZEIT	LICHT	GIESSEN
Schwierig	Für Geduldige	Hell bis sonnig	Regelmäßig

Echinacea- beziehungsweise Sonnenhutpflanzen gehören zur selben Familie wie Gänseblümchen und es gibt sie in vielen verschiedenen Farben. Ihre farbkräftigen, geschwungenen Blüten mit schmalen Blütenblättern, die sich vom Zentrum aus nach unten neigen, zeigen sich vom Sommer bis zum Herbst. Manche Sorten haben einen honigähnlichen Duft. Wenn eine Echinacea-Pflanze erst einmal robust genug ist, lässt sie sich nur schwer von irgendwas unterkriegen und kommt gut mit Kübeln oder Balkonkästen zurecht, solange diese tief genug sind. Leg am besten ein paar kleine Steine unten auf den Boden, um eine gute Drainage sicherzustellen.

Echinacea wird seit Jahrhunderten als Mittel gegen Infektionen und zur Stärkung des Immunsystems genutzt. Heutzutage schwören viele Menschen bei Erkältung auf Echinacea. Die Pflanze stammt ursprünglich aus Nordamerika, wo sie von Native Americans als traditionelles Heilmittel bei Schlangenbissen, Geschwüren und Wunden verwendet wurde. Es gibt noch keine ausreichenden wissenschaftlichen Daten, aber Hypothesen zufolge könnte die Verwendung des Purpur-Sonnenhuts *(Echinacea purpurea)* tatsächlich wirksam sein, auch wenn die genaue Wirkweise noch unklar ist.

Wenn du die Wirkung von Echinacea testen willst, kannst du sowohl die Blätter als auch die Wurzeln zu einem Tee aufgießen. Dazu solltest du die Pflanze zuerst trocknen, indem du sie kopfüber an einen warmen, gut belüfteten Ort hängst, bevor du sie zerkleinerst und zur Aufbewahrung in ein Glas füllst. Gib etwa zwei Teelöffel dieser Trockenmischung in eine Tasse, übergieße sie mit kochendem Wasser und lass das Ganze etwa 15 Minuten lang ziehen. Prost (und allzeit gute Gesundheit)!

Vertikale Gärten

SCHWIERIGKEIT	ZEIT	LICHT	GIESSEN
Schwierig	Mittel	Hell	Häufig

Ein vertikaler Garten meint eigentlich nur Pflanzen, die nach oben wachsen – du ordnest deine Pflanzen und Töpfe also einfach nur übereinander an, um aus einem minimalen Raumangebot das Maximale rauszuholen. Ein gutes Beispiel hierfür sind begrünte Fassaden, die ganz nebenbei auch noch die Temperatur des Gebäudes regulieren und die Luftqualität verbessern.

Du kannst in deinem Zuhause ganz einfach einen vertikalen Garten errichten, indem du an einer sonnigen Wand in deinem Zuhause Blumentöpfe von einer Garderobe oder einem Handtuchhalter hängen lässt oder ein paar Bretter eines Leiterregals für deinen Garten reservierst. Und wenn du über ein wenig (sonnenbeschienenen) Platz draußen verfügen solltest, kannst du diesen mithilfe eines vertikalen Gartens effizient nutzen.

Deinen eigenen vertikalen Garten kannst du ganz leicht mit einem Hammer und ein paar Nägeln aus einer alten Palette basteln (achte aber darauf, dass das Holz nicht mit schädlichen Chemikalien behandelt wurde, die in die

Erde übergehen könnten). Im Internet findest du dazu zahlreiche Anleitungen.

Falls du einen Zaun, ein Geländer oder eine Balustrade hast, kannst du recycelte Konservendosen (natürlich mit Drainagelöchern im Boden) an Haken aufhängen. Diese eignen sich für alle möglichen Pflanzen, solange du in den Sommermonaten darauf achtest, dass sie nicht zu heiß werden und austrocknen.

Aus einer alten Leiter wird ganz schnell ein Regal für deine Pflanzen, das mit etwas Planung eine überraschende Menge Stellfläche bietet. Und mittig könntest du eine Blumenampel herabhängen lassen. Das geht natürlich auch drinnen, falls du genug Platz hast – du solltest aber bedenken, das hin und wieder überschüssiges Gießwasser herabtropfen könnte.

Hängende Erdbeeren

SCHWIERIGKEIT	ZEIT	LICHT	GIESSEN
Schwierig	Mittel	Hell	Häufig

Erdbeeren in luftigen Höhen wachsen zu lassen ist nicht nur ein platzsparender Lifehack für alle, die gerne Obst essen, sondern schützt die Pflanze auch vor möglichen Gefahren, sodass du dich hoffentlich an einer reichen Ernte erfreuen kannst. Denn wir Menschen sind nicht die einzigen, denen Erdbeeren gut schmecken – als Schutz vor Schädlingen lassen selbst Profis mit viel Gartenfläche Erdbeeren oft als Hängepflanzen wachsen.

Als Erstes solltest du dafür sorgen, dass dein Hängegefäß mit Plastikfolie ausgelegt ist. Erdbeeren brauchen viel Wasser und mögen keine trockene Erde. Wenn die Temperaturen entsprechend hoch sind, kann es sogar sein, dass du sie zweimal am Tag gießen musst. Achte aber darauf, dass möglichst kein Wasser auf die Blätter kommt und du nur die Erde gießt. Wenn dein Gefäß sehr groß ist, kannst du vielleicht sogar drei Erdbeerpflänzchen darin unterbringen; falls nicht, bleib lieber bei einer oder maximal zwei. Das Wichtigste beim Einpflanzen ist, dass die Erdbeeren hinterher so hoch in der Erde stehen, wie sie vorher in ihrem Topf standen. Du solltest sie also weder komplett verbuddeln noch die Wurzeln aus der Erde rausschauen lassen.

Wenn deine Erdbeeren anfangen zu reifen, solltest du dich trotz der Hängekultur nicht zu sicher fühlen. In Bäumen und Sträuchern in der Nähe hocken bestimmt schon Vögel und warten nur darauf, dass die Beeren reif genug sind – genau wie du! Vielleicht willst du deine Ernte lieber mit einem Netz schützen, bevor jemand anderes sie dir klaut.

Kartoffeln

SCHWIERIGKEIT	ZEIT	LICHT	GIESSEN
Schwierig	Für Geduldige	Hell	Regelmäßig

Um Kartoffeln anzupflanzen, brauchst du einen Kübel, der mindestens 40 cm hoch ist – manche Menschen verwenden dazu alte Eimer, Tonnen oder Tüten. Es gibt auch spezielle Kartoffelpflanzsäcke, die du kaufen kannst. Wie bei jedem Gefäß solltest du auch hier über die Drainage nachdenken, denn bei höheren Temperaturen wirst du deine Pflanzen häufig gießen müssen, und dieses Wasser muss irgendwohin abfließen können.

Kauf im Früh- bis Hochfrühling deine Pflanzkartoffeln im Fachhandel. Kleinere Sorten, die für wenig Pflanzplatz gezüchtet sind, sind ideal. Jede Kartoffelpflanze braucht etwa 10 l Erde, daher wirst du nur wenige Pflanzkartoffeln brauchen. Doch bevor du sie in die Erde steckst, musst du sie keimen lassen. Leg sie in einem Eierkarton auf die Seite, sodass die Augen – also die Stellen, an denen die Kartoffel auskeimen wird – nach oben zeigen. Nach etwa einer Woche sollten sich ausreichende Triebe gebildet haben, und du kannst die Kartoffel einpflanzen.

Fülle dein Gefäß zu etwa einem Drittel mit Erde (am besten tust du das dort, wo die Kartoffeln später stehen sollen, denn das Ganze wird am Ende einiges wiegen!). Steck die gekeimte Pflanzkartoffel etwa 5 cm tief, in einem Abstand von 15 cm zur nächsten Kartoffel und mit genügend Abstand zum Rand des Gefäßes in die Erde – wie gesagt brauchen Kartoffelpflanzen ausreichend Platz.

Immer, wenn deine Pflanze eine Höhe von 12 cm erreicht, füllst du dein Gefäß weiter mit Erde, aber achte darauf, dass du die neueren Triebe nicht komplett bedeckst. Wiederhole das so oft, bis dein Gefäß voll ist. Häufe dann kleine Erdhügel um die Stiele der Pflanzen an, um zu vermeiden, dass irgendwie Licht an deine unter der Erde wachsenden Kartoffeln kommt.

Wenn deine Pflanzen beginnen, zu verwelken – etwa zwei bis vier Monate, nachdem du sie in den Topf gesetzt hast –, sind deine Kartoffeln bereit für die Ernte. Zieh dazu die komplette Pflanze aus der Erde. Mit ihr wird eine Traube kleiner, erdiger Schätze aus der Erde kommen. Fast wie bei einem Zaubertrick.

Erbse 'Tom Thumb'

SCHWIERIGKEIT	ZEIT	LICHT	GIESSEN
Schwierig	Mittel	Hell	Regelmäßig

Diese kleinen Erbsenbüsche sehen nicht nur zuckersüß aus – sie schmecken auch so. Und dank ihnen kannst du selbst das kleinste Balkoneckchen oder einen Blumenkasten vor deinem Fenster noch sinnvoll nutzen. Da die Pflanzen nur etwa 20 cm hoch werden und trotzdem viele Erbsen produzieren, sind sie seit über 150 Jahren ein echter Liebling von Gartenfans.

Du kannst die Pflanzen an den letzten Wintertagen oder zur Feier des Frühlingsanfangs drinnen aus Samen in einer Anzuchtschale oder in Zeitungspapiertöpfchen (s. S. 22) vorziehen. Befolge die Anweisungen auf dem Samentütchen, und setz die Pflanzen nach draußen um, sobald sie groß genug sind. Alle Keimlinge, die du nicht für draußentauglich hältst, kannst du als leckere Salatbeigabe verwenden. Du kannst die Samen natürlich auch direkt in den Topf aussäen, in dem die Pflanze später stehen soll. Damit solltest du allerdings bis nach dem letzten Frost warten.

'Tom Thumb' ist eine alte Erbsensorte. Sie ist also keine Hybride, was bedeutet, dass du mit den Erbsen deiner letzten Ernte wieder neue Pflanzen säen kannst. Zieh am Ende der Saison die ganze Erbsenpflanze inklusive letzter Schoten aus der Erde und hänge sie irgendwo zum Trocknen hin. Wenn die Schoten trocken aussehen, löse die Erbsen heraus und lege sie noch mal zum Weitertrocknen aus. Anschließend kannst du sie bis zur Aussaat im nächsten Jahr lagern und dir so Jahr für Jahr deine Erbsenernte sichern.

Visueller Index

Chili 97

Echinacea/
Sonnenhut 156

Efeu 76

Erbse 'Tom Thumb' 168

Erbsensprossen 32

Fenchel 127

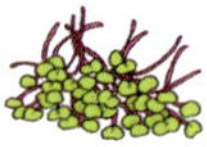

Grünkohl 31

Hängende Erdbeeren
162

Ingwer 133

Jasmin 136

Kaffirlimette 100

Kamille 111

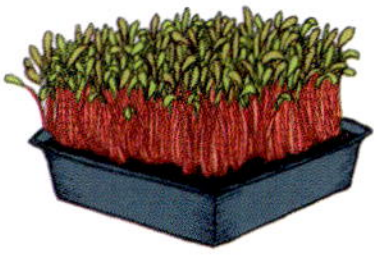

Oregano 88

Petersilie 91

Radieschen 56

Rosmarin 71

Rote Bete 31

Rotes Basilikum 30

Rucola/Rauke 62

Salat 53

Salbei 94

Schnittlauch 65

Schwertfarn 80

Staudensellerie 47

Die englische Originalausgabe erschien 2021 unter dem Titel THE WINDOWSILL GARDENER in Großbritannien bei Michael O'Mara Books Limited, London.

Text: Liz Marvin

Illustrationen: Annie Davidson

Übersetzung: Vanessa Kreitlow

Cover: Katja Heller

Layout: Christin Bussemas

Satz: Konstantin Wohofsky | wohofsky.net

Gesamtherstellung: Elma Printing & Finishing, Istanbul

Mein Garten auf der Fensterbank
GTIN 978-3-8485-0288-2

www.groh.de

MIX
Papier | Fördert gute Waldnutzung
FSC® C164814
www.fsc.org

1 2 3 4 5